袁惠芬　主编

服装
工业制板

FUZHUANG
GONGYE
ZHIBAN

U0347712

化学工业出版社
·北京·

本书详细全面地讲述了服装工业制板的理论知识，同时结合服装工业制板目前出现的一些新趋势，如立体裁剪技术的使用增多、计算机辅助制板技术的普及等因素进行讲述。全书内容包括服装工业制板的工具、流程、技术规定、号型标准、基本原理与方法、女装工业制板实例、男装工业制板实例、电脑辅助服装工业制板等。简洁顺畅的语言表述方式，经典实用的款式实例，详细的制板步骤和图示，都便于读者学以致用，能够进一步加强动手能力。本书既适合高等院校服装专业师生使用，又可供服装行业中从事技术工作的人员参考使用。

图书在版编目（CIP）数据

　　服装工业制板/袁惠芬主编． —北京：化学工业出版社，
2016.2
　　ISBN 978-7-122-25807-6

　　Ⅰ．①服… 　Ⅱ．①袁… 　Ⅲ．①服装量裁 　Ⅳ．①TS941.631

　　中国版本图书馆CIP数据核字（2015）第289164号

责任编辑：李彦芳　　　　　　　　　　　　　　　　装帧设计：史利平
责任校对：陈　静

出版发行：化学工业出版社（北京市东城区青年湖南街13号　邮政编码100011）
印　　装：三河市延风印装有限公司
889mm×1194mm　1/16　印张12　字数280千字　2016年3月北京第1版第1次印刷

购书咨询：010-64518888（传真：010-64519686）　　售后服务：010-64518899
网　　址：http://www.cip.com.cn
凡购买本书，如有缺损质量问题，本社销售中心负责调换。

定　　价：49.00元

前言
FOREWORD

  服装工业制板是成衣生产加工过程中重要的技术环节。它将服装造型设计中所确定的立体形态分解成平面的衣片，进一步修正造型设计中不合理的部分，为服装的缝制加工提供成套的、规格齐全的系列样板，使产品质量更加标准化。

  本书在编写的过程中，前四章重点介绍服装工业制板基础知识和基本理论方面的内容；第五章和第六章主要是女装、男装的典型实例的分析与运用；第七章主要是以北京日升天辰公司的NACPRO系统为例，通过实例分析，分别介绍三种基本的放码方式。书中的每个实例均配套款式规格分析、结构图、净板、毛板、推板图，以符合服装工业制板的特点和生产的需求。

  在编写本书的过程中，考虑到图书的实用性与可读性，在内容上作了特殊的设计，主要体现在以下几个方面。

  一、本书从服装工业制板的基础知识与基本方法开始，到各种典型实例的分析展开，直至利用计算机辅助推板的实例介绍，内容充实、循序渐进。

  二、书中的案例选取了一些经典款式以及当下的流行款式，具有一定的新颖性和时代感。

  三、本书采用的结构设计方法涉及原型法、比例法，增强了适用性，增加了阅读使用本书的方便性与可读性。

  四、书中详细阐述了计算机辅助服装工业制板的方式、方法，顺应了小批量、多品种、个性化的服装发展趋势。

  全书共分七章，其中第一章、第五章和第六章的第一、第二节由孙莉编写；第二章、第三章由孙玉芳编写；第四章、第七章和第六章的第三节由王竹君编写。全书由袁惠芬统稿。

  由于笔者水平有限，书中不当之处，敬请专家、同行和广大读者给予批评指正。

编者

2016.1

目 录
CONTENTS

第一章 服装工业制板概述

目前按照生产的组织形式，可以将服装的加工制作方式分为两大类：服装加工店的定制和服装工厂的工业化生产。

服装加工店一般会承接单件服装的定制或少量的小批量服装生产。在服装加工店里，服装制作过程包括根据实物或图样等确定款式，依据款式及实际测量尺寸定结构，然后进行裁剪、缝制、熨烫，并且整个过程是由一个人或者是一个师傅带着几个徒弟来完成的。它的一个特点就是服装结构图是直接绘制于面料之上，这样做可以节省很多时间，提高工作效率。但同时也使服装的精确度有所降低，而且用料量有所增加，即成本加大。不过由于顾客要求的精确度不高，单件裁剪用料量增加较少，且此成本为顾客提供，所以对于加工店来说，这种方式还是利大于弊的。当然，在服装档次较高或者定做数量较大时，他们也会专门制作样板，但此样板通常比较简单，不是很规范、齐全，且不太标准。

同这种类型相比较，服装工厂的生产包括了生产准备、裁剪、缝制、熨烫及后整理等工艺过程，其中生产准备过程包括了款式设计、样板制作、样品试制等很多环节。每个过程的每个环节都是由专门的工人负责，分工极其明确，也就是说同一件服装的制作完成，要经过多种不同的工序，由许多人共同来承担。为了提供成衣的产品质量，保证成衣规格的标准化，在服装制作过程中就需要有一些大家都能遵循的标准，其中之一就是样板。服装工厂的服装结构图并非直接绘于面料之上，而是用纸板制作出一系列的适合工业生产的样板。当然，为了提高生产的质量、效率，便于各环节间的流通，此种样板有很多相应的标准要求，非常规范。

概括地说，所谓服装工业制板，就是指提供企业生产所使用的用于裁剪、缝制以及后整理的一切服装样板的过程。

第一节 基本概念与常用术语

一、服装工业样板的概念

样板，简单地讲，就是生产制作服装的图纸，又称纸样、纸板、纸型等，是服装生产中排料、划样、裁剪、熨烫、锁钉等各道工序中不可少的标样，是生产中规格、造型及工艺的主要依据。服装工业样板就是应用于工业化批量生产中的样板，即能适应工业化大批量服装生产的样板。

服装工业制板是服装结构设计在工业化生产中的延续与具体应用，是将服装的结构设计现实化。服装工业制板是服装生产企业必不可少的、十分重要的技术性生产环节，也是能否准确实现服装款式造型目的之根本。

二、常用术语

1. 成衣

成衣是工业革命以来机器大规模生产时出现的新概念，它是指服装生产商根据标准号型而生产的批量成品服装。它是相对于裁缝店里定做和自己家里制作的衣服而出现的一个概念。现在一般商场、服装店等出售的服装都是成衣。

2. 板

样板即板，是为制作服装而制定的结构平面图，俗称服装纸样。广义的样板是指制作服装而裁剪好的各种结构设计纸样。样板分为净样板和毛样板。净样板是不包括缝份的样板。毛样板是包括缝份、缩水量等在内的服装样板。

3. 母板

母板是指推板时所用的标准板型，是根据款式要求完成的、正确的结构设计纸板，并已使用该样板进行了实际的放缩，产生了系列样板。所有的推板规格都要以母板为标准进行规范放缩。一般来讲，不进行推板的标准样板不能叫作母板，只能叫标准板，但习惯上人们常将母板和标准样板的概念合二为一。

4. 标准板

标准板是指在实际生产中使用的、正确的结构样板，它一般是作为母板进行推板使用的，所以有时也称标准板为母板。

5. 服装推板

现代服装工业化大生产要求同一种款式的服装要有多种规格，以满足不同体型消费者的需求，这就要求服装企业要按照国家或国际技术标准制定产品的规格系列，从而形成全套的或部分的裁剪样板。这种以标准母板为基准，兼顾各个号型，进行科学的计算、缩放，制定出系列号型样板的方法叫作规格系列推板，即服装推板，简称推板或服装放码，又称服装纸样放缩。

6. 整体推板

整体推板又称规则推板，是指将结构部位全部进行缩放，每个部位都要随着号型的变化而进行缩放。例如，一条裤子整体推板时，所有围度、长度、口袋以及省道等都要进行相应的推板。

7. 局部推板

局部推板又称不规则推板，它是相对于整体推板而言的，是指某一款式在推板时，同一款式的腰围、臀围、腿围相同而只有长度不同，那么该款式就是进行了局部推板。

8. 服装规格

服装规格即服装的尺寸，它是制作样板、裁剪、缝制、销售的重要标准，更是决定成衣质量和商品性能的重要依据。

9. 档差

档差是指服装工业推板中同一款式同一部位的相邻号型系列之间的差量。它是服装推板的数量依据。档差有两种形式，一种是规则档差，就是说每个部位的档差都是均匀的；另一种是不规则档差，还有些部位是并档或者通码，即规格不变。所以推板前，一定要仔细分析计算档差。

10. 基准点/线

在服装推板时需选定一个不变动的点和两条相互垂直的不变动的线，即相当于建立一个数学中的直角坐标系。不变动的点（坐标原点）是服装样板推档中各档规格的重叠点，称为基准点。不变动的线（坐标轴）是服装样板推档中各档规格的重叠线，称为基准线。基准点/线是纸样推板的基准，没有它各放码点的数值也就成了形式上的数量关系，没有实际意义。基准点/线的确定直接关系到服装样板的推移方向，不同的基准点/线直接影响到推档的方便与否，从而影响到推档的效率。

11. 放码点

放码点又称为位移点，是服装CAD（服装电脑设计）的专业名词，是服装样板在推挡中的关键点、结构线条的拐点或交叉点。

第二节　服装工业制板的工具及材料

一、工具

在服装工业生产中，必须要严格按照工艺规格和品质标准来进行生产，样板的标准化是达到这个目的的重要保证。不过，在样板制作中对工具没有严格的规定，一般是根据个人的经验和习惯来制板，但懂得如何熟练地使用一些工具，并得到较佳的使用效果，对一个样板师来说是非常重要的。一般，比较常用的制板工具有以下几种。

1. 铅笔

铅笔主要用在绘图上，因此要使用专门的绘图铅笔，常用的型号有2H、H、HB、B、2B。HB型铅笔软硬适中，运用范围最广。H型为硬型，B型为软型，它们各自的号越大，其软、硬程度越大，可根据需要选择使用。通常，实寸制图时，制基础线可选用H型或HB型铅笔；轮廓线加粗可选用HB型或B型铅笔；缩小制图时，制基础线可选用2H型或H型铅笔，轮廓线加粗可选用H型或HB型铅笔。

2. 尺子

常用的尺子有直尺、三角尺、比例尺、皮尺、曲线尺和放码尺等。

（1）直尺与三角尺

用有机玻璃制成的直尺最佳，因为制图线可以不被遮挡。直尺以20cm、30cm、50cm和100cm等长度较为常用。三角尺以使用有机玻璃制成的含45°角的为宜，或者可用L形直角尺代替。

（2）比例尺

比例尺主要用在纸样设计的缩图练习上，它可以检验结构设计的全貌，常见的有三棱比例尺，其三个侧面上各刻有六行不同比例的刻度。常用的有1∶4、1∶5、1∶6比例尺。

（3）皮尺

皮尺必须带有厘米读数，通常长度为150cm，主要用于测量人体尺寸和纸样上的弧线长度。皮尺寿命较短，一般使用一段时间以后，要检查刻度是否准确，如有老化、变形等应及时更换。

（4）曲线尺

曲线尺，主要是为了绘制各种曲线，如袖窿弧线、领窝线、裙摆线等。但是，这样不利于理解服装上这些曲线的功能及服装曲线的造型美。因此，在1∶1的结构制图中，往往不使用曲线尺，而是要用直尺或三角尺依据设计者的理解及想象的造型完成曲线部分，这也是服装设计者的基本功。

（5）放码尺

放码尺，是传统直尺加以改进。一般来说，放码尺两边分别有公、英制刻度及放码格，公、英制可直接对照，还有度数测绘和15比值度数参考表。放码格有0.5cm和0.1cm两种标准。所以使用放码尺可以更方便、快捷、准确地完成服装样板的绘制工作。

3. 描线器

描线器，又称点线器，是带有手柄的锯齿轮工具，可以在样板和衣片上做标记，也能够通过齿轮在线迹上滚动将一定厚度的纸样描绘到另一层纸上，来复制纸样。

4. 剪刀

剪刀应选择缝纫专用的剪刀，这种剪刀刀身长、刀柄短，操作时手感舒服。一般常用的有24cm（9英寸）、28cm（11英寸）和30cm（12英寸）等几种规格。需要注意的是，剪纸和剪布的剪刀应分开使用，因为纸张容易对剪刀刀口形成损伤。

5. 刀眼钳

纸样制成后需要确定标记一些对位记号，可以用剪刀剪出个三角缺口，称为剪口，也可直接使用刀眼钳这种专用工具来完成，它的缺口为"凹"形，使剪口更加准确。

6. 锥子

锥子用于纸样中间的定位，如袋位、省位、褶位等，还用于复制纸样。

7. 打孔器

打孔器用于在样板上打孔，从而便于不同纸样分类串联、吊挂管理。

8. 号码章

号码章为样板编号所用。

9. 样板边章

样板边章是用于经复核定型后的样板在其周边加盖的一种专用图章，以示该板已审核完毕。

除此以外，还应准备橡皮、夹子、订书机、胶带等工具。

二、材料

由于工业化生产的特点，制作样板需要一定的材料，并且要了解各种材料的作用，才能为制作高质量的样板打下良好的基础。

在裁剪和后整理时，样板的使用频率较高，而且有的样板需要在半成品中使用，如口袋净样板用于扣烫口袋裁片。另外，样板需要保存的时间较长，以后有可能还要继续使用，所以对于制板用纸要求必须纸面平整、伸缩性小，且应有一定的厚度和强度。强度是为了减小反复使用的损耗，以保证产品的质量；厚度则是考虑多次复描时的准确性。

样板用纸一般有大白纸、牛皮纸、裱卡纸、黄板纸等。其中，大白纸只是样板的过渡性用纸，没有作为正式样板材料，而牛皮纸、裱卡纸和黄板纸是制板的常用纸。

1. 牛皮纸

宜选用100 ~ 130g/m²规格，相对较薄，色泽较暗，画上的线不宜分辨，因此一般作为制板的辅助用纸。有时也用在批量小、划样次数少的服装工业样板制作中。

2. 裱卡纸

宜选用250g/m²规格，分为双面卡纸和单面卡纸两种类型。双面卡纸两面均光滑呈白色，画线自如，但价格较昂贵；单面卡纸一面粗糙呈灰色，另一面光滑呈白色，它比卡片纸要廉价些，同时也可以利用它的两种颜色区别不同的功能样板。它主要用于批量大、划样次数多的服装工业样板的制作。

3. 黄板纸

宜选用400 ~ 500g/m²规格，是目前国内专用的样板用纸，呈黄色，较厚重、硬挺，不易磨损，主要用于定型产品或长线产品的工业样板的制作。

除了纸张，有时还要准备其他一些材料，如水砂布、薄白铁片或铜片等。其中，水砂布主要用于制作不易滑动的工艺样板，薄白铁片或铜片则主要是用于制作长期使用的工艺样板等。

第三节 服装工业样板的类型

服装工业样板是工业化生产的重要技术准备工作，工业化水平越高，样板的种类就会越多，它贯穿于整个生产过程，是服装每一道工序中生产质量的衡量标准。服装工业样板一般有两种分类方法。

一、以缝份为标准分类

1. 净样板

净样板是指不包括缝制时所用的缝份、贴边等的基本结构样板。

2. 毛样板

毛样板是指包括缝制时所用的缝份、贴边、缩率等的样板。由于技术要求不同，面料的厚薄不同，款式品种不同，所以样板各个部位所加的缝份也不同，常规的品种要求缝份为1cm，如果是包缝则为1.2 ~ 1.5cm，双层缝合部位可加放1.5cm，底边、袖口、裤口、裙摆贴边为3 ~ 5cm等。

二、以生产工序为标准分类

（一）裁剪样板

裁剪样板是主要用于大批量生产的排料、画样等工序的样板。其主要目的是确保批量生产中同一规格的裁片大小一致，使得该规格所有的服装在整理结束后各部位的尺寸与规格表上的尺寸相同，相互之间的款型一样。

裁剪样板一般又可分为以下几种。

1. 面料样板

面料样板通常是指衣身的样板，多数情况下有前片、后片、袖子、领子、过面和其他小部件样板，如袖头、袋盖、袋垫布等。这些样板要求板型准确，样板上标识正确清晰，如布纹方向、倒顺毛方向等。面料样板一般是加有缝份、贴边等的毛样板。

2. 衬里样板

衬里样板与面料样板一样大，在车缝或敷衬之前，把它直接放在大身下面，用于遮住有网眼的面料，以防透过过薄面料可看见里面的结构，如省道和缝份。通常面料与衬里一起缝合。衬里常使用薄的里子面料，衬里样板为毛样板。

3. 里子样板

里子样板很少有分割，一般有前片、后片、袖子和片数不多的小部件、加里袋布等。里子的缝份比面料样板的缝份大0.5 ~ 1.5cm，在有贴边的部位（下摆、袖口等）。里子的长短比衣身样板少一个贴边宽（3 ~ 5cm）。因此，就某片里子样板而言，多数部位边是毛板，少数部位边是净板。如果里子上还缝有内衬，里子的样板比没有内衬的里子样板要稍大。

4. 衬布样板

衬布有无纺或有纺、可缝或可粘之分。根据不同的面料、不同的使用部位、不同的作用效果，有选择地使用衬布。衬布样板有时使用毛板，有时使用净板。

5. 内衬样板

内衬介于大身与里子之间，主要起到保暖的作用。毛织物、絮料、起绒布、法兰绒等常用作内衬，由于它通常绗缝在里子上，所以内衬样板比里子样板稍大些。

6. 辅助样板

辅助样板比较少，它只是起到辅助裁剪的作用，如在夹克中经常使用橡皮筋，由于它的宽度已定，松紧长度则需要计算，根据计算的长度，绘制一样板作为橡皮筋的长度即可。辅助样板多使用毛板。

（二）工艺样板

工艺样板主要用于缝制加工过程和后整理环节中。通过它可以使服装加工顺利进行，保证产品规格一致，提高产品质量。工艺样板按照不同用途可分为以下几种。

1. 修正样板

修正样板是保证裁片在缝制前与裁剪样板保持一致，以避免裁剪过程中裁片的变形而采用的一种用于补正措施的样板。主要用于需要对条、对格的中高档产品；大面积粘衬部位；有时也用于某些局部修正部位，如领口、袖窿等。在画样裁剪时裁片四周相应放大，在缝制前，将修正样板复合在裁片上修正。

2. 定形样板

定形样板是保证某些关键部位的外形和规格符合标准而采用的用于定形的样板，主要用于衣领、衣袋等零部件。定形样板以净样板居多。定形样板按照不同的需要又可分为画线定形板、缉线定形板和扣边定形板。

（1）画线定形板

画线定形板是用来勾画净线，以作为缉缝线路，如领外围线等，多采用卡纸制作。

（2）缉线定形板

缉线定形板有两种类型。一种是简单模板，类似于净样板的某个部位，使用时直接覆于翻边部位、部件的单层或几层之上，在机台上用手压紧，然后沿模板边外侧缉线，如下摆的圆角、袋盖等，多采用砂布等材料制作。另一种是更为专业、高效的车缝辅助模板，使用这种模板可以定位裁片并标示缝纫轨迹，它能够帮助缝纫工通过缝纫机针板面和压轮的配合完成标准车缝。这种模板的主要材料是PVC，辅料还有各类自带胶条海绵、砂纸、针毡等。对PVC板材的切割可以使用手工模板机切割，也可利用激光切割机自动切割。

（3）扣边定形板

扣边定形板是用于某些部件止口只需单缉明线而不缉暗线，如贴袋等，使用时将扣边模板放置于裁片的反面，周围留出所需的缝份，然后用熨斗将缝份折向净板，使止口边烫倒，多采用坚韧耐用且不易变形的薄铝片制作。

3. 定位样板

定位样板是为了保证某些重要位置的对称性和一致性而采用的用于定位的样板。主要用于不宜钻眼定位的衣料或某些高档产品。定位样板一般取自于裁剪样板上的某一局部。对于半成品的定位往往采用毛样板，如袋位的定位等。对于成品中的定位则往往采用净样板，如扣眼的定位等。定位样板一般采用卡纸制作。

4. 辅助样板

辅助样板与裁剪样板中的辅助样板有很大的不同，它只在缝制和整烫过程中起辅助作用，如在轻薄的面料上缝制暗裥后，为了防止熨烫时正面产生褶皱，在裥的下面衬上窄条，这个窄条就是起到辅助作用的样板。有时在缝制裤口时，为了保证两只裤口大小一样，采用一条标准裤口尺寸的样板作为校正，则这片样板也是辅助样板。

第四节 服装工业制板的流程

工业样板一般由服装公司或工厂的技术部门负责制作，即由技术科或纸样房里的技术人员来完成。制定样板是成衣生产的一个重要的技术环节，样板一经制定，各道工序的加工部门均要严格地按照样板的要求进行加工。不同类型的服装企业制板的依据、过程都有所不同，但总的来说，流程如下。

一、确认样板的制作

服装工业化生产主要是根据内、外销售客户提供的来样，按样品进行批量生产。客户来样一般有三种形式，一是客户来服装效果图及资料（包括成品规格、面辅料要求、生产工艺制作、熨烫、包装及成品质量要求等），这种类型是带有设计性质的确认样制作，一般只有设计技术力量较强的服装企业接受这种形式；二是客户来样衣及资料，这种形式是目前做外贸单的企业经常遇到的形式；三是客户直接来标准纸样及资料，工厂只要在标准纸样的基础上加放缩率及打制一些工艺样板即可。无论是哪种形式的来样，工厂首先要做的工作就是打制确认样。

确认样就是制作给客户确认的样品。因为买卖双方远隔两地，对方往往无法了解产品的质量，所以合约或订单常常规定要寄确认样，即样品做好后先寄给客户确认，以代表这个商品的品质，作为大批量生产和成品在交货时品质和标准的依据。打制确认样的步骤大致如下。

（一）分析订单或样品

一般服装企业生产的基本依据就是客户提供的订单。订单是根据客户要求拟制的，详细说明所订产品的款式、面料、颜色、数量、规格尺寸、工艺要求、包装要求等信息的表格。对订单进行详细的分析，以确定产品的款式结构特点、各规格细部尺寸、面料性能以及工艺特点，这是服装工业制板的基础。

有一些小企业属于仿制型生产，其依据只有样品本身。所以，在制板前，应首先对样品进行细致的分析，包括基本构成、关键部位的尺寸、工艺加工方法、面料性能、辅料性能等，从而制定合理的订单，确定产品的基本信息。

另外，大多数服装企业，更多遇到的是客户同时提供订单与样品的情况。在这种情况下，应在分析订单信息的基础上，综合考虑样品本身特点，如结构、工艺、分割位置等，以更大程度上满足客户的要求。

（二）确定样板规格

织物在高温熨烫的湿、热状态以及缝纫时的作用力下易发生尺寸的缩小变化，因此为了保证成品规格的正确性，样板制作前应考虑缩量，重新确定规格。样板规格的确定是制作样板的重要工序，根据客户提供的成品规格，加上面辅料的缩率，即可得到样板规格。这项工作必须仔细，逐个部位地计算、检查，使样板准确无误。

（三）绘制中间规格样板

选择中间规格，并根据款式的特点和订单要求，确定制板方案，然后绘制此规格的样板。

（四）制作样衣

上述操作得到的是中间规格的净样板，但是净样板在所需的整体尺寸工艺上是不符合实际制作工艺要求的，所以应在净样板的基础上将之转放成毛样板，即留取缝份、折边、加缝量。然后按照毛样板及其工艺要求，制作样衣。除客户有明确要求以外，一般确认样是打制三件，其中两件给客户，一件留厂存档，而且三件必须完全一致。

（五）确认样板

根据客户反馈意见更改修正样板，直至得到客户的确认意见，最后确定投产所用的中间规格标准样板。这种样板有时也称封样样板，客户或设计人员要对按照这份样板缝制成的服装进行检验并提出修改意见，确保在批量投产期产品合格。

确认样板做好后必须将面辅料的耗用情况、出现的问题及处理方法等及时记录下来，为制定必要的生产技术管理、质量管理提供可靠的依据。此外，样板要及时存档。

二、生产样板的制作

（一）推板

现代服装工业化大生产要求同一种款式的服装要有多种规格，以满足不同体型消费者的需求，这就要求服装企业要按照国家或国际技术标准制定产品的规格系列，做出全套的满足工业生产要求的样板，也就是要推板。

已经完成的确认样板是推板的前提，也称为标准样板或母板。服装推板就是以这个标准样板为基准，兼顾各个规格或号型系列之间的关系，按照规定标准的档差进行科学的计算、推移和缩放，制定出所有规格的系列样板。

（二）样板的标记

在服装工业批量化生产中，样板标记是样板制作者和使用者之间的无声的语言，是规范化服装样板的重要组成部分。标记作为一种记号，其表现形式是多样化的，具体标记的内容与方法，见下图男西裤裤片的完整标记。

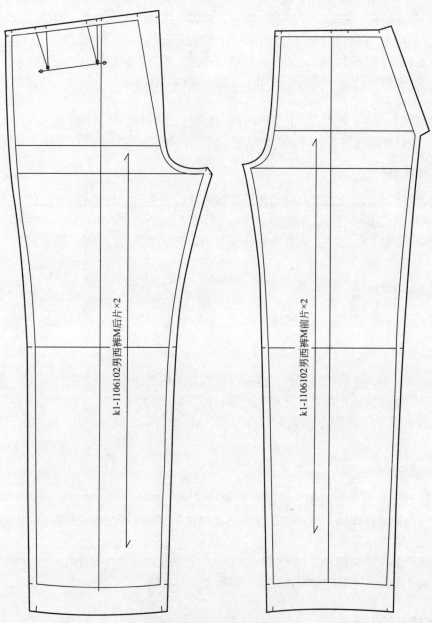

k1-1106102男西裤M后片×2

k1-1106102男西裤M前片×2

男西裤裤片的完整标记图

（三）样板的复核与整理

当完成样板的制作后，需认真检查、复核，避免欠缺和误差。另外，样板应按品种、款号和号型规格，按面、里、衬等分类归类整理。通常是在每一片样板的适当位置打一个直径约1.5cm的圆孔，然后将已归类的样板串连、吊挂存放。

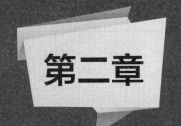

第二章

服装工业制板的技术规定

第一节 服装工业制板的符号及标注

一、服装工业制板的符号

图示符号是为了服装工业制板制图易懂而设定的符号，常用的制图符号见表2-1。

表2-1 制图符号

序号	名称	符号	使用说明
1	粗实线	——————	1.服装及零部件轮廓线 2.部位轮廓线
2	细实线	——————	1.图样结构的基本线 2.尺寸线和尺寸界线 3.引出线
3	虚线	------------	1.背面轮廓影示线 2.部位缉缝线
4	点画线	—·—·—·—·—	裁片连折不可裁开的线条
5	双点画线	—··—··—··—	裁片的折边部位
6	等分线	⌒⌒⌒	部位等分成若干同等距离
7	距离线	↤ ↦	尺寸标注起始线
8	经向号	↕	裁片所示方向与面料经向平行
9	顺向号	→	面料毛绒或光亮顺向
10	衬布线	⫻	使用衬里料部位
11	直角记号	⌐	相邻两线成90°角的部位
12	拉伸号	⋙	衣片需熨烫拉伸的部位
13	缩缝号	∿∿∿	衣片需用缝线抽缩的部位
14	归缩号	⌒⌒	衣片需熨烫归拢的部位
15	重叠号	⊗	相邻裁片交叉重叠部位

续表

序号	名称	符号	使用说明
16	裥位线	‖∥	衣片需要折叠缝制的部位，斜线方向表示褶裥折叠方向
17	省位线	▽	衣片需要收省缝制的部位
18	明线号	———————	需要在面料表面缉明线的部位，实线指轮廓线
19	拼合号	⊬	需要拼合以后裁剪的部位
20	眼位	⊢⊣	衣服扣眼的位置
21	纽位	⊗	衣服纽扣的位置，交叉线的交点是钉纽位
22	罗纹号	ꟿꟿꟿ	需要装罗纹的部位
23	同寸号	▲ ◎ ⦸	尺寸大小对应相同的标记符号
24	拼接号	→⊢←	缝制需拼接的部位
25	对条	╪	条纹一致的标记
26	对格	╫	条格一致的标记
27	对花	⊠	纹样一致的标记
28	刀眼位	<	缝制时需要对位而做的刀眼部位

二、服装工业制板的标注

整套服装工业样板制作完成时，要对每个样本按照要求作相应的标注，以便使用和管理。

1. 标注的内容

（1）产品编号。产品编号即具体产品的代号。每个服装企业一般都有各自的品号取法，通常情况下样板上标产品的品号而不标款名。品号只标在每档样板的一个主部件上，其他部件不再重复标出。具体标注位置可设在不与其他标记相重叠的部位。

（2）产品规格。产品规格尺寸的文字标注通常按照国家标准号型系列或其他规格标准确定。

（3）样板的部件名称、表里部位及裁片数量。在每档样板的主部件上均应标明部件数，可用阿拉伯数字表示。标明部件数以便于排料画样前后对样板部件数量的查对和复核，标注位置应仅靠号型规格下方处排列。

（4）丝缕标注。丝缕标注是标明样板丝缕取向的一种记号，多以经向符号表示，样板的各个部位都应作出丝缕标注。

（5）定位标注。为了方便工人生产，制板师在样板上用钻眼和打剪口的方法来表示样板中的省位、省的大小、褶裥位褶裥的大小，袋位、袋口的大小，缝份、折边的宽窄以及各部位的吻合点等的位置，这些样板上的钻眼和剪口称为定位标记。钻眼一般打在样板的内部，能反映各种部件的位置和大小。钻眼点应向内少许，避免缝制后钻眼点外露。在样板中，钻眼与实际点是一致的。剪口打在样板的边缘部位，剪口深度应小于缝份，一般以缝份的一半为宜。

（6）对折、连裁标注。服装中对称轴比较长且连折的对称部位，样板通常只制1/2，如后衣片、男式衬衫的过肩等，对称轴必须作出醒目的连折单点画线标记。样板边口涂上树脂，止口的缝份盖止口章。

2. 标注的要求

标注的外文字母和阿拉伯数字应尽量用单字图章拼盖，其他的内容文字要书写清楚，符号要准确无误。当样板制作完成后，需要认证检查、复核，避免欠缺和误差。

第二节　服装工业制板的缝份设计

一、缝份

结构设计一般多是净样板设计。当结构设计完成后就形成了服装的净样板，但是净样板在所需的整体尺寸工艺上是不符合实际制作工艺要求的。为了完整的工艺要求就需要在净样板的基础上将之转换成毛样板，将净样板增加适当的缝份，即形成毛样板。

缝份又叫缝分、缝头，它是净样板周边另加的放缝儿，是缝合时所需的缝去的量分。一般缝份的量在1cm左右。除了缝合的部分，有些服装的边缘部位多采用折边来进行工艺处理，如上衣（连衣裙、风衣等）的下摆、袖口、门襟、袖口部位等，折边的量一般较多，常采用3～4cm，弧形折边一般放量较少，约0.5～1cm。图2-1为西裤缝份的加放。有些领口和底边等采用密拷缝边或滚边工艺的则不需要加缝份。

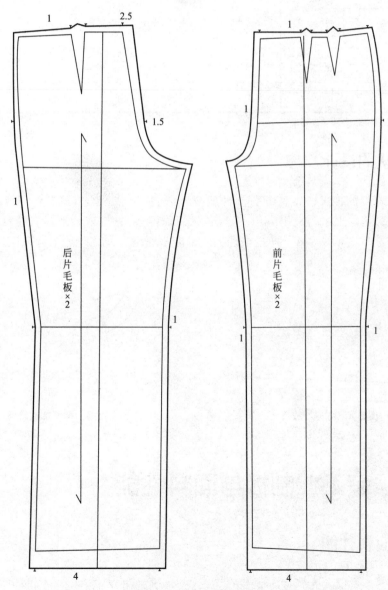

图2-1　西裤的缝份加放

二、缝份量的设计

缝份量与服装的制作工艺特点、服装材料的性能、加工设备等多方面因素相关，一般要综合考虑。常见的缝型净样加放量见表2-2。

表2-2　常见的缝型净样加放

单位：cm

缝型名称	缝型构成示意图	说明	参考加放量
合缝		单线切边，分缝熨烫 三线包缝 四线包缝 五线包缝	1.0～1.3
双包边		多见于双链缝，理论上，上层的缝份比下层的缝份小1倍	1.0～2.0
折边（缲边）		多使用锁缝线迹，分毛边和光边	2.0～5.0
来去缝		多用于轻薄型或易脱散的面料，线迹类型为锁缝	1.0～1.2
绲边		分实绲边和虚绲边，常用链缝和锁缝线迹	1.0～2.5
双针绷缝		多用于针织面料的拼接	0.5～0.8

注：表中的参考加放量根据实际要求可适当调整

三、缝份形状的设计

缝份形状与加放的方法相关，常用的有三种加放方法。第一种是平行加放，是最常用的一种加放方法，即在在净样轮廓的基础上平行放出等量的缝份。第二种是对称加放，即沿着缝合线（一般是折边线）呈对称形状加放，如图2-2所示。第三种是垂直加放，即沿着缝合线（一般为分缝的边）作长方形缝份形状。如图2-3所示。

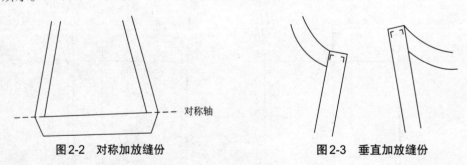

图2-2　对称加放缝份　　　　　　　图2-3　垂直加放缝份

第三节　服装工业制板与面料性能

一、样板与面料性能

在服装样板制作中，不仅要充分考虑服装的款式要求、服装的人体因素，同时也要考虑服装的面料性能对制板的影响。

1.面料弹性

面料的弹性是影响服装成品规格设计的重要性能之一，弹性面料制成的服装在穿着时，可通过较大的面料拉伸来满足人体运动所需加放量，因此，服装放松量随面料弹性增加可以减少，甚至出现负值。

2.面料厚度

面料的厚度也是影响服装成品规格的另一个重要性能。厚型面料由于面料厚度积占一定的空间位置，为了获得相同的松量感，厚型面料需要比薄型面料加放更多的放松量。此外对于牢度不高、缝口强度不大的面料，在受力的部分要适当加放松量。

3.面料缩率

对服装规格有影响的还有一个重要的面料性能，就是服装材料的缩率，通常有缩水率和热缩率。因为服装在加工过程，面料要进行一定的高温定型熨烫，有些还要进行水洗处理，这会对服装面料产生一定的变形，尺寸大小也会改变，因此在制板前，必须要将服装材料的缩率先考虑进去。

二、常见缩率

缩水率就是服装材料通过水洗测试，测出布料经纬向的缩水百分比。热缩率是材料遇热后的收缩百分比，很多服装材料经过热黏合、熨烫等工艺之后都会出现一定比例的收缩，所以在制板时一定要考虑热缩率的问题。部分面料缩水率见表2-3。

表2-3　常见面料的缩水率　　　　单位：%

品名	缩水率		品名	缩水率	
	经向	纬向		经向	纬向
平纹棉布	3	3	人造哔叽	8～10	2
花平布	3.5	3	棉维混纺	2.5	2
斜纹布	4	2	涤腈混纺	1	1
府绸	4	1	棉丙纶混纺	3	3
涤棉	2	2	泡泡纱	4	9
哔叽	3～4	2	制服呢	1.5～2	0.5
毛华达呢	1.2	0.5	海军呢	1.5～2	0.5
劳动布	10	8	大衣呢	2～3	0.5
混纺华达呢	1.5	0.7	毛凡尔丁	2	1
灯芯绒	3～6	2	毛哔叽	1.2	0.5
华达呢	1.2	0.5	人造棉	8～10	2
毛涤华呢	1.2	0.5	人造丝	8～10	2

已知缩率，可以通过计算、设计制板时的规格尺寸，如用经纱3%缩水率平纹棉布制作裤子，裤长成品规格为100cm，制板样板的裤长$L=100/（1-3\%）=103.1（cm）$

第四节　服装工业制板的技术文件

服装工业技术文件是由服装技术部门制定，用于指导生产的技术核心内容材料，直接影响着企业的整体运作效率和产品的优劣。每个企业均会根据自己的企业需求及技术习惯指导相应的技术文件，本书列出的为某服装生产企业制定的男裤技术文件相关材料，见表2-4～表2-10。为了呈现工厂之间实际使用的表单原样，本文直接引用原表单的格式。

表2-4　技术指示书

款号		品名		序列号	
公司订单		客户名称		客户订单号	
订单数量		销售国别		配额类别	

本款技术指示书共　页

项	资料内容	页码	项	资料内容	页码
1	款式图		5	量法图	
2	技术注意指导事项		6	部分分解图	
3	技术用料单		7	包装指示	
4	尺码表		8		

工艺员	编制日期	品牌主管	审核日期

适用检验、检验标准：

<一>外观检验标准

□ SN/T 1932.2—2008（抽样）　　　　□ SN/T 1932.6—2008（羽绒服装）

□ SN/T 0554—1996（包装）　　　　　□ SN/T 1932.7—2008（衬衫）

□ SN/T 1932.3—2008（室内服装）　　□ SN/T 1932.8—2008（儿童服装）

□ SN/T 1932.4—2008（牛仔服装）　　□ SN/T 1932.9—2008（便服）

□ SN/T 1932.5—2008（西服大衣）

<二>内在质量检测标准

具体详见客户检测标准及进口国法律法规要求

修改记录

更改页码	更改日期	更改人	更改依据

更改页码	更改日期	更改人	更改依据

表2-5 技术指示书（订单概况——款式图/量法图）

款号		订单号		订单数		纸板审核		工艺员		品牌主管		绘制人	
品名	男裤	客户		销售地区		联系电话		联系电话		联系电话		汇总日	

量法图
单位（英寸，1英寸等于2.54cm）

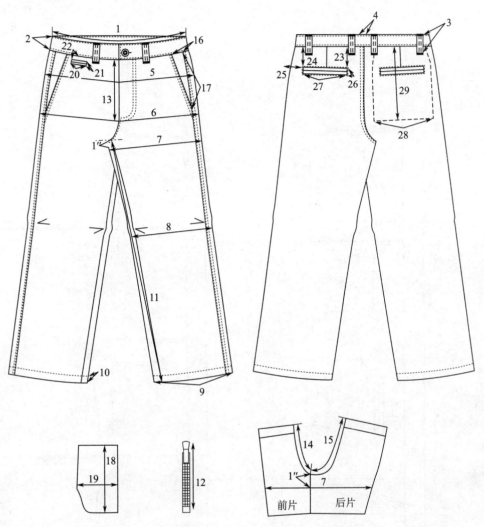

不看款式仅看量法

1. 腰围（前后腰拉齐沿上口量）
2. 腰高
3. 马王襠长
4. 马王襠宽
5. 上臀围，腰下3″三点量
6. 下臀围，腰下7三点量
7. 比围，档下1两点直量
8. 膝围，档下14两点直量
9. 脚口
10. 脚口切线高
11. 内长
12. 门襟拉链上
13. 门襟切线长
14. 前档弯含腰弯量
15. 后档弯含腰弯量
16. 前袋沿腰量
17. 前袋沿侧缝量
18. 前袋布长
19. 前袋布宽
20. 前币袋开口长
21. 前币袋牙高
22. 前币袋距腰下口
23. 后袋距腰内切角
24. 后袋距腰外切角
25. 后袋距侧缝
26. 后袋牙高
27. 后袋开口长
28. 后袋布宽
29. 后袋布长

注：1. 指示书需加盖红色"大货生产资料"章方有效。

2. 大货开裁前请与公司技术确认物料单耗，否则超耗由工厂负责。

3. 产前须提供最大及最小跳码样，确认后方可生产。

表2-6　技术指示书（分解图）

款号		订单号		订单数		纸板审核		工艺员		品牌主管		绘制人	
品名	男裤	客户		销售地区		联系电话		联系电话		联系电话		汇总日	

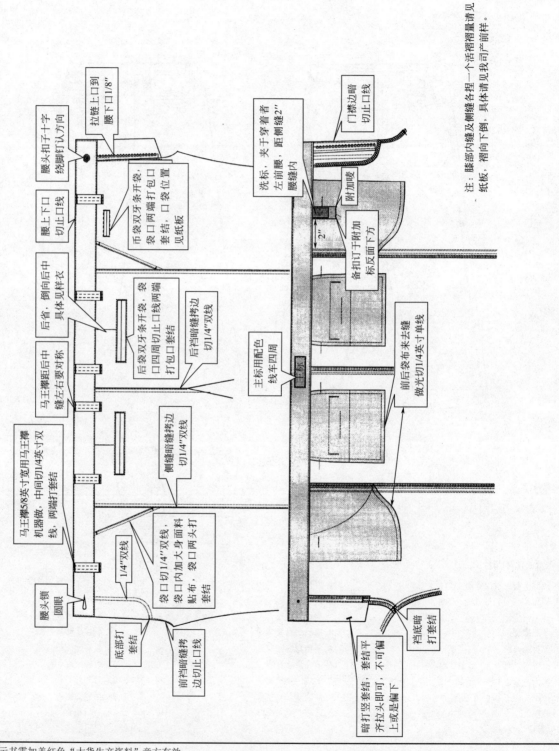

注：1. 指示书需加盖红色"大货生产资料"章方有效。

2. 大货开裁前请与公司技术确认物料单耗，否则超耗由工厂负责。

3. 产前须提供最大最小跳码样，确认后方可生产。

表2-7　技术用料单

S/C No.（订单号）：EG20111159YM　Sty（款号）：9AXAD3AS2110

一、申请审核项目

物料名称	规格型号	幅宽	用量	单位	供货	主色一深藏青	主色二橄榄绿			使用部位	备注
面料配料	全棉磨毛斜纹砂卡16×12/130×66，57×（加密）	144	1.42	米	公司	深藏青色	—			大身面料	√
	全棉磨毛斜纹砂卡16×12/130×66，57×（加密）	144	1.44	米	公司	—	橄榄绿色			大身面料	√
口袋布	全棉印花口袋	144	0.48	米	公司	—	—			前后口袋布＋腰里＋币袋布（袋布改为青年布，32×32/112×66）	√
拉链	拉链古银YKX4.5弹簧白倾头		1.00	根	公司	S9872	S3791			门襟	√
扣子	金属商标面30L刻字四眼扣		2.00	个	公司	红铜色	红铜色			腰头×1（含备扣，备扣订在附加标下方反面，扣子十字绕脚，用四股线钉来回各一次）	√
标牌	腰牌DH3MB-002		1.00	个	进口					钉于穿着者右后腰侧马王襻与后中马王襻居中处，两头用钉扣机固定，上口留0.2cm空隙，商标面DH字样朝上	
缝纫线	涤纶（PP）普通面线20√3		49.00	米	公司	深藏青色	H58069			大身面线	√
	涤纶（PP）普通底线配主色30√3		58.00	米	公司	深藏青色	H58069			切线底线＋锁眼线	√
	涤纶（PP）普通拷边线40√3		194.0	米	公司	深藏青色	H58069			拷边线＋暗缝线	√
	涤纶（PP）普通40√3配主标色		1.00	米	公司	配主标色	配主标色			订主标用线	
	涤纶（PP）普通套结线50√3		24.00	米	公司	深藏青色	H58069			套结线（马王襻×12＋门襟×2＋前口袋×4＋后袋×4＋档底×1暗打）	√
	涤纶（PP）普通40√3配袋布色		36.00	米	公司	配袋布色	配袋布色			袋布用线	√
	涤纶（PP）普通50√3		1.00	米	公司	配扣子色	配扣子色			钉扣线	√
	涤纶（PP）普通50√3		0.70	米	公司	配腰牌色	配腰牌色			钉腰牌用线	√
衬布	耐水洗无纺衬黑色30G		0.12	米	公司	黑色	黑色			腰里＋门里襟＋后袋牙＋币袋牙	√
标头	平纹织造主标DH3W009		1.00	个	进口	—	—			后腰中（用配色线单针车四周）	
	附加标2CC-001		1.00	个	公司	—	—			叠与洗标下	√
	洗标DH3CC-003		1.00	个	进口	—	—			夹与穿着者左前腰缝下，距侧缝2cm	
挂牌	商标挂牌DH3HT-002		1.00	个	进口	—	—			用枪针打穿着者左侧腰缝内	
贴纸	尺码贴纸LSDH3001灰底印字		1.00	件	进口	深藏青色	—			贴于穿着者右后身，距后袋口2cm居中竖向袋	
	尺码贴纸LSDH3002黑色底		1.00	个	公司	—	橄榄绿色			贴于穿着者右后身，距后袋口2cm居中竖向袋	

续表

物料名称	规格型号	幅宽	用量	单位	供货	主色一深藏青	主色二橄榄绿			使用部位	备注
包装胶夹	胶针5cm长		1.00	个	公司	灰色	灰色			打挂牌用	√
包装附件	拷贝纸		1.00	个	公司	—	—			折叠时夹在腿缝中间	√
包装箱袋	普通胶袋,反面印警告语30cm长		1.00	件	公司	—	—			一件一胶袋(胶袋印字请见业务包装资料)	√
	防潮胶袋		1.00	个	工厂					一箱一胶袋	
	纸箱七层三瓦无钉箱+过桥板		1.00	个	工厂					按预装箱单装箱	
后整理	重柔软水流		1.00	件	工厂	—	—			成衣水洗	

输入人		业务审核		技术审核	
日期		日期		日期	

表2-8　技术用料单（分码报表）

S/C No.（订单号）：EG20111159YM　Sty（款号）：9AXAD3AS2110

物料名称规格	30	32	34	36	38	40	42	44	46		
拉链　拉链古银YKK＃4.5弹簧白锁头	4 3/4	5 1/4	5 1/4	5 3/4	5 3/4	6 1/4	6 1/4	6 1/4			
挂牌　商标挂牌 DH3HT-002	30	32	34	36	38	40	42	44			
标牌　腰牌 DH3MB-002	30	32	34	36	38	40	42	44			
贴纸　尺码贴纸LSDH3001 灰底印字	30	32	34	36	38	40	42	44			
标头　洗标DH3CC-003	30	32	34	36	38	40	42	44			
包装箱袋普通胶袋,反面印警告语30cm长	15.5cm	15.5cm	15.5cm	15.5cm	17cm	17cm	17cm	17cm			
贴纸　尺码贴纸LSDH3002黑色底	30	32	34	36	38	40	42	44			

二、提供的注意事项

（一）产前要求提示

1. 大货前工厂必须提供30码和40码产前样,技术部门未确认不可大货生产,且大货出运后无法进行财务结算。

2. 大货开裁前请提供面里料单耗与公司技术部确认,公司技术在24小时内给予回复,若未经公司技术确认而开裁,那么超耗的面里料则由工厂方承担。

3. 核料依据：含经向缩率：-3%　　　　纬向缩率：-3%

核料尺码：36：38码　4件　　　　34码　4件　预计人均台产：20件/天·人

技术注意：需提供跳马样

4. 明风针距：9针/3cm;暗缝针距：11针/3cm;拷边针距：15针/3cm

（二）大货生产提示

1. 周转型：①特殊水洗　　/

　　　　　②半成品印绣花　　/

2. 工序型：①特种设备名称　　/　　　　数量：0

　　　　　②复杂手工名称　　/　　　　数量：0

成衣检测甲醛等　　　否　　　　缝制首件水洗检测测试　　否

输入人		业务审核		技术审核	
日期		日期		日期	

表2-9　技术指示书（包装指示书）

款号		订单号		订单数		纸板审核		工艺员		品牌主管		绘制人	
品名	男裤	客户		销售地区		联系电话		联系电话		联系电话		汇总日	

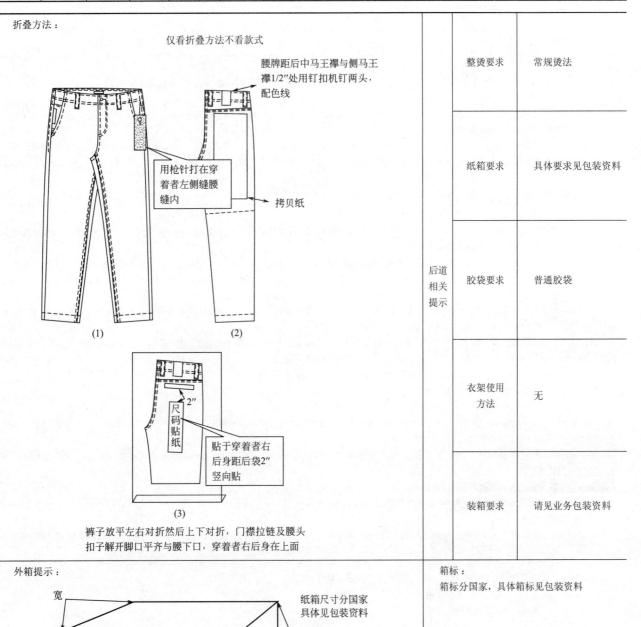

折叠方法：

仅看折叠方法不看款式

腰牌距后中马王襷与侧马王襷1/2″处用钉扣机钉两头，配色线

用枪针打在穿着者左侧缝腰缝内

拷贝纸

(1)　(2)

尺码贴纸

2″

贴于穿着者右后身距后袋2″竖向贴

(3)

裤子放平左右对折然后上下对折，门襟拉链及腰头扣子解开脚口平齐与腰下口，穿着者右后身在上面

整烫要求	常规烫法
纸箱要求	具体要求见包装资料
胶袋要求	普通胶袋
衣架使用方法	无
装箱要求	请见业务包装资料

后道相关提示

外箱提示：

宽

纸箱尺寸分国家具体见包装资料

高

长

箱标：

箱标分国家，具体箱标见包装资料

注：1.指示书需加盖红色"大货生产资料"章方有效。

2.大货开裁前请与公司技术确认物料单耗，否则超耗由工厂负责。

3.产前须提供最大及最小跳码样，确认后方可生产。

表2-10　大货生产技术注意指导事项

生产工厂		工艺员		联系电话	
订单号		品牌主管		联系电话	
款号		业务员		联系电话	
资料准备期		业务担当		联系电话	

产前准备提醒事项：

1. 此款男长裤，前身有两个斜插袋，袋口切1/4双线，穿着者左前身有个双牙条币袋，后身有两个双牙条挖袋，袋口打包口套结，马王襟下口夹入腰内，膝部内缝及侧缝各有一个箱。

2. 全码板由公司提供，工厂收到纸板后要与资料仔细核对，核对无误后，做最大码与最小码跳码样寄来我司确认，寄跳码样时要将确认样一起带来我公司。跳码样确认后，方可生产大货。

3. 大货上手后请准备船样，船样需要的规格和数量由业务另行通知，船样必须在一块布上裁剪并同一缸水洗以防水洗后有色差，船样做工一定要精细，尺寸必须控制在公差之内。对于船样我公司技术只安排检查两次。两次以上的船样由工厂自行检查寄出，如有质量问题一律由工厂自行负责。

4. 板型已被客人确认，工厂不可擅自更改，如有疑问请及时与公司技术联系。

生产中重点提醒事项。

1. 腰：微弧腰，腰里贴耐水洗无纺衬，腰里用青年布做，注意青年布与大身面料缩率是否一致，以免腰部不平服。腰上下口切止口线装腰缝头大小要一致、圆顺，腰不可起扭，腰里腰面要平服。

2. 门襟：门襟装拉链，注意水洗后拉链不能起弓.拉链上口距腰大货只允许空0.3cm，下口空0.6cm，里襟拉链织带外露0.3cm，门襟"J"型切线要严格按净样板做。大货生产中要勤换净样板，以防门襟切线变型。（门襟止口线暗切）腰头扣子十字绕脚钉并且认方向，扣子位理必须在里襟止口线延长线上去，具体请见样衣。

3. 前袋：前袋是斜插袋，袋口内加大身面料贴布，袋口切1/4双线，口袋沿侧缝量左右长短要一致，前袋下口打垂直袋口打一个1/4套结。具体请见样衣，前袋布勾光切0.6cm单线，袋布毛纱头必须控制在切线内。

4. 后袋：后袋是双牙条挖袋，袋开口要方正，袋口打包口套结，上下牙条宽窄一致，袋牙不能松，口袋中间用大针距暗缝一道，5～6cm长，具体请见样衣，后袋距后中左右要对称。距腰左右不可有高低，后袋布来去做光切1/4单线。

5. 后身：后身左右各有一个省，省倒向后中，左右省对倒，后浪暗缝拷边切1/4双缝。

6. 拼缝：侧缝暗缝拷边切1/4双线。拼缝吃势要均匀，以防扭腿。内裆暗缝拷边，裆底十字缝处打一个1/4套结。

7. 脚口：脚口两折做光切单明线。切线宽1′，从正面切线，以防有针洞。

8. 马王襟：马王襟5/8宽，中间切1/4双绒，具体做法请见样衣。马王襟上下口打套结，马王襟下口夹入腰内上口钉于腰上，马王襟套结宽度不能超出马王襟宽，马王襟下口缝头控制0.3cm。

9. 标头：主标，腰里后中用配色线单针车四周。洗标，夹于穿着者左侧缝向前身2′腰缝内（水洗前用小胶袋包起来。附加标，叠于洗标下。备扣订于附加标的反面下角。

10. 针距：明针距9针/3cm，暗缝针距11针/3cm，拷边针距15针/3cm。

11. 裁剪：裁剪拉布时确保丝缕方向垂直，面料需放松24小时以后才可开裁。

大货排板需要防色差。

12. 因面料质地原因，工厂大货要注意针洞问题，所有面切线部位需要从正面并且不能拆，包括暗缝，工厂要勤换针，千万不能用秃头针。

EG20111159合同箱标 ----12～17 出运

1. 配比包装，箱标四边印。其中85箱的箱标，这个箱标的箱号含箱号＃1

2. 箱标必须四面印刷，阴影部分都是需要根据订单尺码数量情况变动的。

3. 在箱子的右上角用小字标明英文颜色NAVY

箱标如下：

PURCHASE ORDER NUMBER：10363121

STYLE NUMBER：9AXAD3SB2110

CASE PACKID：9AXAD3SB2110-NAVY-31

	1	1	2	1	1	1	1	1	1	1	1
SIZE	32×30	32×32	34×30	34×32	36×30	36×32	38×30	38×32	40×30	40×32	42×30

UNITS PER PACK：12

CARTON NUMBER SEQUENCE： ＃1/

GROSS AND NET WEIGHT： KGS / KGS

MEASUREMENT：-----×-------×------- （INCHES）

COUNTRY OF ORIGIN：Cambodia

EG20111159合同箱标 ----12 ～ 17 出运

4. 配比包装，箱标四边印。其中11箱的箱标，这个箱标的箱号含箱号＃1

5. 箱标必须四面印刷，阴影部分 -------- 都是需要根据订单尺码数量情况变动的。

6. 在箱子的右上角用小字标明英文颜色----NAVY

箱标如下：

PURCHASE ORDER NUMBER：10363121

STYLE NUMBER：9AXAD3SB2110

CASE PACKID：9AXAD3SB2110-NAVY-32

	1	1	1	2	2	1	1	1	1	1
SIZE	32×30	32×32	34×30	34×32	36×32	38×30	38×32	40×32	42×32	44×32

UNITS PER PACK：12

CARTON NUMBER SEQUENCE： ＃1/

GROSS AND NET WEIGHT： KGS / KGS

MEASUREMENT：----- × ------- × -------（INCHES）

COUNTRY OF ORIGIN：Cambodia

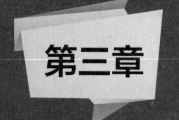

第三章

服装号型标准

服装号型的基本概念

一、号型概念

服装号型是服装规格表达的一种形式，反映了服装的尺寸大小与人体基本部位之间的对应关系，是设计生产服装以及选择消费服装时的尺寸依据。

服装的规格按照作用可分为示明规格和细部规格两大类。示明规格是指用单个或组合的数字或字母表示服装整体规格大小。细部规格是指用具体尺寸或用人体、服装基本部位的回归关系式表示服装的细部尺寸大小。服装生产中通常采用示明规格表示服装的规格。

示明规格一般有四种表达形式。

1. 领围制

用服装的领围尺寸表示服装的示明规格，常用于衬衫，如男衬衫的规格有40、41、42等。

2. 胸围制

用服装的胸围尺寸表示服装的明示规格，常用于内衣、运动衣、羊毛衫等针织服装，如95、100、105等。

3. 代号制

用数字或英文字母代号表示服装的示明规格，如XS、S、M、L、XL表示特小号、小号、中号、大号、特大号。

4. 号型制

用人体基本部位尺寸的组合表示服装的示明规格，是最常用的规格表示方法。

二、号型作用

服装号型在企业生产中和市场销售中有着不可替代的作用，它的实际意义可以概括为以下几点。

第一，适应现代社会发展要求，提高消费者穿衣合体的比率。在现今社会中购置成衣已成为人们服装消费的主要手段，它有着快捷、方便、省事的优点。同时，按服装号型组织生产和销售的各类成衣，有覆盖面广、适体性强和规格、工艺严谨划一、质量可靠的特点，可以较好地满足不同类型消费者的购衣需求。

第二，有利于服装企业按照规范化、标准化要求组织生产，达到降低成本、提高效率的目的。服装号型从某种意义上讲，是一种规范化和标准化的技术性措施，它从划分规格设置上的适用范围入手，使批量性生产的服装保持了相应的统一性，并扩大了使用范围，提高适应性。服装号型覆盖率的运用还有助于服装企业所生产的产品在规格配置上增强针对性，克服原先产品各档规格生产数量确定的随意性，减少因规格配置不合理所导致的产品积压现象，有利于服装企业减少库存，降低生产成本，提高资金资产运营效率。

第三，有利于销售单位提高服务质量，减少消费者购衣的盲目性。服装号型的标志十分清楚，内容也容易理解，消费者只要掌握自己的体型及净胸围、净腰围等关键部位的尺寸，到商场购衣，应该是比较容易锁定目标的。销售单位的营业人员，也可根据消费者的体型特征、穿衣习惯，预先设定其所购服装尺寸的大致范围，以减少试衣次数，提高服务质量和效率，尽可能快速、方便地满足消费者的购衣需求。

第四，与国际通行方法接轨，更加适应国际服装生产及销售的潮流与需求。目前，国外虽尚无统一的国际服装号型标准。但在一些服装产业化比较发达的国家，如法国、日本等都有自己的服装号型系列在实施。尤其是日本，其国内采用服装号型的服装款式区别细、规格分档多。为了与国际接轨，不断满足国内服装成衣消费的需求，我国采取国际标准化组织制定的"定义和人体测量程序"国际标准中有关服装用人体测量的手段，开展了具有相当规模的人体测量工作，对采集的数据进行分类、归纳、汇总、统计、计算、判断，由此而制定了我国服装号型国家标准，应该说是与国际服装发展，特别是成衣与销售的发展要求相吻合的。

第二节　我国服装号型标准

一、服装号型概况

《服装号型》国家标准是服装工业重要的基础标准，是根据我国服装工业生产的需要和人口体型状况建立的人体尺寸系统，是编制各类服装规格的依据。我国先后实施过四套号型标准，即1981标准、1991标准、1997标准、2008标准。

1. GB 1335—81标准

服装行业1972年开始组织制定服装标准，1974年成立了由六个省、市工商部门参加的全国服装标准组，开始着手制定"服装号型"标准的人体测量调查工作，在全国21个省市区范围内进行，有2000多名技术人员参加这一工作，总共测量了40万人体的体型，找出了我国人体体型发展的规律。根据人体体型的规律和使用需要，对上装和下装分别用最有代表性的两个基本部位作为制定号型的基础，上装以身高为号，胸围为型；下装以身高为号，腰围为型。GB 1335—81标准基本满足了20世纪80年代初期服装行业的需求。81标准在我国实施了10年，随着经济的发展，人民生活水平大大提高，人体体型也发生了变化，同时，人口比例中中青年占比增加，青少年身高、体重普遍增加，所以81标准的数据不能满足人体体型的变化。另外，81标准无论上下装只有长度和围度上的大小，没有进一步显示体型的差异，81标准的缺陷使它已不能满足我国消费者的适体性要求。

2. GB 1335—91标准

为了弥补81标准的不足，1986年，国家组织有关方面共同讨论和商定修订工作方案，并在全国6个自然区域的10个省市、自治区开展人体测量工作，测得共计15000多人的成年男子、女子、少年男子、女子、儿童的服装用人体部位的尺寸数据，对测量的数据进行归纳处理，广泛参考国外同类的先进标准，历时5年，终于完成了GB 1335—91标准的制定，1991年7月，经国家技术监督局审查批准，这是我国服装生产技术领域的一个重大科技成就，标志着我国服装号型标准进入世界先进行列，和81标准相比，GB 1335—91标准具有以下特点。

① 91标准对人体体型进行分类，由于有了体型的划分，可以将上下装配套，因此91标准把人体的号和型进行有规则的分档排列，制定出号型系列解决了上下装配套的问题。

② 91标准提供了全国和各地区各体型比例和服装号型覆盖率，使服装厂可以按照根据号型的覆盖率来确定该号型服装的生产数量；在人体测量方法和部位选择的科学性上比81标准提高了。

3. GB/T 1335—97标准

我国现行的服装号型标准为GB/T 1335—97，它是在91标准的基础上进行修订，取消了男子和女子部分的5.3系列的内容，同时增加了0～2岁婴儿的号型和内容，使标准的内容更加完善。

4. GB/T 1335—2008标准

2008年，我国第三次修改并补充了服装号型标准，与GB/T 1335—97相比，修改了标准的英文名称；修改了标准的规范性引用文件；《服装GB/T 1335—2008标准的应用》，号型系列设置中增加了号为190及对应的型设置；在《服装号型男子》附录B《服装号型各系列控制部位数值》中增加了号为190的控制部位值。我国服装号型标准自实施以来，对规范和指导服装生产和销售都起到了积极的作用，成衣的适体性有了明显改善。

二、服装号型的定义与体型分类

《服装号型》国家标准由男子、女子、儿童三个独立部分组成（GB/T 1335.1～1335.3—97）。其中，"GB"是"国家标准"四字中"国标"两字汉语拼音的第一个字母，"T"是"推荐使用"中"推"字汉语拼音的第一个字母。成人男女服装号型包括"号""型""体型"三部分。

1. 号型的定义

号：表示人体的身高，以厘米为单位。

型：表示人体的净胸围或净腰围，以厘米为单位。

体型：表示人体净胸围和净腰围尺寸的差数，其分类代号为Y、A、B、C表示。各体型的胸腰落差值见表3-1。

表3-1　体型分类和胸腰落差值　　　　　　　　　　　　　　单位：cm

体型代号	Y	A	B	C
男子	22～17	16～12	11～7	6～2
女子	24～19	18～14	13～9	8～4

2. 服装号型的表示

服装号型的表示方法是号与型用斜线隔开，后接人体分类，如160/84A（上装），160/66A（下装）。"上装160/84A"表示该服装适合于身高为158～162cm、胸围为82～86cm、体型为A的人穿着；"下装160/66A"表示该服装适合身高为158～162cm、腰围为65～76cm、体型为A的人穿着。

三、分档与中间体

1. 分档与分档范围

《服装号型》国家标准分别按男子、女子设置了号型系列，规定了身高以5cm分档，胸围以4cm分档，腰围以4cm、2cm分档，分别组成5·4系列（上装），5·4、5·2系列（下装）。需要说明的是，为了与上装5·4系列配套使用，满足腰围分档间距不宜过大的需求，才将5·4系列按半档排列，组成5·2系列。在上、下装配套时，可在系列表中按需选一档胸围尺寸，对应下装尺寸系列选用一档或两档甚至三档腰围尺寸，分别做1条或2条、3条裤子或裙子。

成人号型系列分档范围和分档间距见表3-2。

表3-2　成人号型系列分档范围和分档间距　　　　　　　　　　单位：cm

型	体型	号（身高）		
		男	女	分档间距
		155～185	145～175	5
胸围	Y	76～100	72～96	4
	A	72～100	72～96	4
	B	72～108	68～104	4
	C	76～112	68～108	4

续表

型	体型	号（身高）		分档间距
		男	女	
		155～185	145～175	5
腰围	Y	56～82	50～76	2和4
	A	56～88	54～82	2和4
	B	62～100	56～94	2和4
	C	70～108	60～102	2和4

2. 中间体

根据人体测量数据，按部位求得平均数，并参考各部位的平均数确定号型标准的中间体。人体基本部位测量数据的平均值和基本部位的中间体确定值见表3-3、表3-4。一般情况下，应尽量以成衣规格的中间号型制作母板，以减少推档时产生的累计误差。

表3-3　人体基本部位平均值　　　　　　单位：cm

	部位	Y	A	B	C
女子	身高	157.13	157.11	156.16	154.89
	胸围	83.43	82.26	83.03	85.78
男子	身高	169.16	169.03	165.14	166.01
	胸围	86.79	84.76	86.48	91.22

表3-4　人体基本部位中间体的确定值　　　　　　单位：cm

	部位	Y	A	B	C
女子	身高	160	160	160	160
	胸围	84	84	88	88
男子	身高	170	170	170	170
	胸围	88	88	92	96

四、服装号型系列表

号型系列以各体型中间体为中心，向两边依次递增或递减组成。服装规格也应以此系列为基础，同时按需要加上放松量进行设计。身高以5cm分档组成系列，胸围、腰围分别以4cm、2cm分档组成系列。身高与胸围、腰围搭配分别组成5·4、5·2号型系列，女子5·4、5·2Y号型系列表见表3-5，表3-6为男子5·4、5·2Y号型系列表。

表3-5　女子5·4、5·2Y号型系列表　　　　　　单位：cm

	Y												
胸围＼身高比例	145		150		155		160		165		170		175	
72	50	52	50	52	50	52	50	52						
76	54	56	54	56	54	56	54	56	54	56				
80	58	60	58	60	58	60	58	60	58	60	58	60		
84	62	64	62	64	62	64	62	64	62	64	62	64	62	64
88	66	68	66	68	66	68	66	68	66	68	66	68	66	68
92			70	72	70	72	70	72	70	72	70	72	70	72
96			74	76	74	76	74	76	74	76	74	76	74	76

表3-6　男子5·4、5·2Y号型系列表　　　　　单位：cm

胸围 \ 身高	155		160		165		170		175		180		185	
76			56	58	56	58	56	58						
80	60	62	60	62	60	62	60	62	60	62				
84	64	66	64	66	64	66	64	66	64	66	64	66		
88	68	70	68	70	68	70	68	70	68	70	68	70	68	70
92			72	74	72	74	72	74	72	74	72	74	72	74
96					76	78	76	78	76	78	76	78	76	78
100							80	82	80	82	80	82	80	82

五、服装号型关键控制部位数值的形成

仅有身高、胸围和腰围还不能很好地反映人体的结构规律，不能很好地控制服装的尺寸规格，也不能很好地控制服装的款式造型。因此，还需要增加一些人体部位尺寸作为服装控制部位尺寸规格。根据人体的结构规律和服装的款式造型，号型标准中确定了10个控制部位，并把其划分为高度系列和围度系列，见表3-7。其中身高、胸围和腰围又定义为基本部位。各控制部位与基本部位相关联，基本部位按照档差跳档时，控制部位也按照一定档差相应变化。通过人体测量和数据处理，再将这些部位档差的相关数值加以取整得到控制部位的档差。表3-8为男子各体型关键控制部位数值表，表3-9为女子各体型关键控制部位数值表。

表3-7　人体部位高度系列和围度系列

高度系列	身高	颈椎点高	坐姿颈椎点高	全臂长	腰围高
围度系列	胸围	腰围	臀围	颈围	总肩宽

表3-8　男子各体型关键控制部位数值表　　　　　单位：cm

部位	Y 中间体	Y 5·4系列	Y 5·2系列	A 中间体	A 5·4系列	A 5·2系列	B 中间体	B 5·4系列	B 5·2系列	C 中间体	C 5·4系列	C 5·2系列
身高	170	5	5	170	5	5	170	5	5	170	5	5
颈椎点高	145	4.00		145	4.00		145.5	4.00		146.0	4.00	
坐姿颈椎点高	66.5	2.00		66.5	2.00		67.0	2.00		67.5	2.00	
全臂长	55.5	1.50		55.5	1.50		55.5	1.50		55.5	1.50	
腰围高	103	3.00	3	102.5	3.00	3	102.0	3.00	3	102.0	3.00	3
胸围	88	4		88	4		92	4		96	4	
颈围	36.4	1.00		36.8	1.00		38.2	1.00		39.6	1.00	
总肩宽	44	1.20		43.6	1.20		44.4	1.20		45.2	1.20	
腰围	70	4	2	74	4	2	84.0	4	2	92.0	4	2
臀围	90	3.20	1.6	90	3.20	1.6	95.0	2.80	1.4	97.0	2.80	1.4

表3-9　女子各体型关键控制部位数值表　　　　　　　　　单位：cm

女子												
体型	Y			A			B			C		
部位	中间体	5·4系列	5·2系列	中间体	5·4系列	5·2系列	中间体	5·4系列	5·2系列	中间体	5·4系列	5·2系列
身高	160	5	5	160	5	5	170	5	5	160	5	5
颈椎点高	136.0	4.00		136	4.00		145.5	4.00		136.5	4.00	
坐姿颈椎点高	62.5	2.00		62.5	2.00		67.0	2.00		62.5	2.00	
全臂长	50.5	1.50		50.5	1.50		55.5	1.50		50.5	1.50	
腰围高	98.0	3.00	3	98.0	3.00	3	102.0	3.00	3	98.0	3.00	3
胸围	84	4		84	4		92	4		88	4	
颈围	33.4	0.80		33.6	0.80		38.2	1.00		33.8	0.80	
总肩宽	40.0	1.00		39.4	1.00		44.4	1.20		39.2	1.00	
腰围	64.0	4	2	68.0	4	2	84.0	4	2	82.0	4	2
臀围	90.0	3.60	1.8	90.0	3.60	1.8	95.0	2.80	1.4	96.0	3.20	1.6

需要指出的是，号型标准中规定高度系列控制部位只随身高的变化而变化，即身高增加5cm时，其他高度部位才做相应的跳档；围度系列控制部位只随胸围或腰围的变化而变化，只随胸围的变化而变化4cm时，其他围度部位才做相应的跳档。高度系列尺寸不随围度的变化而变化，围度系列尺寸不随高度的变化而变化。

第三节　服装规格制定

服装规格是指服装成衣设计中，对服装尺码大小起决定性作用的关键结构部分的尺寸，如胸围、腰围、臀围、衣长、袖长、裤长等。

一、规格设计步骤

规格设计步骤如下。
（1）确定号型和体型，如男子5·4系列A。
（2）确定范围，如身高165～175cm，胸围80～96cm。
（3）确定中间体，进行成衣规格设计，如170/88A。
（4）确定规格的档差，推出系列规格表。

二、中间体规格设计

中间体规格设计的方法有以下两种类型。
（1）按款式效果图（设计图）中人体各部位与衣服间的比例关系来制定，这种方法注重款式造型的审视。
（2）将设计的产品与生产的产品（资料）进行对比、参照，但由于参照物的不同，其具体方法也有所不同。实际生产中，成衣规格更多地是以身高H、净胸围B为依据，以效果图（设计图）的轮廓造型进行模糊判断，采用控制部位数量的比例数加放一定松量来确定。
各细部规格按表3-10、表3-11所示公式计算。

表3-10　上装各细部规格计算公式　　　　　　　　　　　　　单位：cm

衣长 L=	0.4h＋a（短上衣）	（a为常数，视具体效果增减）		
	0.5h＋a（中长上衣）			
	0.6h＋a（长上衣）			
前腰节长 FWL=	0.25h（女体）±b	（b为常数，视具体效果增减）		
	0.25h＋2cm（男体）±b			
袖窿深=0.2B＋3cm＋	1～2cm（贴体）			
	2～3cm（较贴体）			
	3～4cm（较宽松）			
	＞4cm（宽松）			
袖长 SL=	0.3h＋7～8cm（夏＋垫肩厚）			
	0.3h＋9～10cm（秋＋垫肩厚）			
	0.3h＋11～12cm（冬＋垫肩厚）			
胸围 B=（B*＋内衣厚度）	女装		男装	
	0～10cm		0～12cm	贴体风格
	10～15cm		12～18cm	较贴体风格
	15～20cm		18～25cm	较宽松风格
	≥20cm		≥25cm	宽松风格
腰围 W=	B－0～6cm（宽腰）			
	10～15cm（稍收腰）			
	15～20cm（卡腰）			
	≥20cm（极卡腰）			
臀围 H=	B－2cm（T型）			
	B＋0～2cm（H型）			
	B＋≥3cm（A型）			
领围 N=	0.2（B*＋内衣厚度）＋19～25cm（女装）			
	0.25（B*＋内衣厚度）＋15～20cm（男装）			
H型肩宽 S=	女装	0.25B＋13～14cm（宽松风格）		
		0.25B＋14～15cm（较宽松风格）		
		0.25B＋15～16cm（较贴体风格、贴体风格）		
	男装	0.3B＋11～12cm（宽松风格）		
		0.3B＋12～13cm（较宽松、较贴体风格）		
		0.3B＋13～14cm（贴体风格）		
袖口 CW=0.1（B*＋内衣厚度＋）	0～2cm紧袖口			
	5～6cm较宽袖口			
	≥7cm宽袖口			

注：B*表示净胸围。

表3-11　裙装、裤装各细部规格计算公式　　　　　　　　　　单位：cm

裤长 TL=	0.3h－a（短裤）（a为常数，视款式而定）
	0.3h＋a～0.6h－bcm（中裤）（a、b为常数，视款式而定）
	0.6h＋0～2cm（长裤）
上裆 BR=	0.1TL＋0.1H＋8～10cm或0.25H＋3～5cm（含腰宽3cm）

续表

臀围 H=H* +	0～6cm（贴体）
	6～12cm（较贴体）
	12～18cm（较宽松）
	18cm（宽松）

腰围 W=W*＋0～2cm

脚口 SB=0.2H±b（b视款式而定）

注：W*表示净腰围，H*表示净臀围。

三、服装工业规格系列设计范例

以编写男西服上装A型系列规格表为例，其步骤如下。

（1）男西服上装5·4系列A型。

（2）身高155～185cm范围内，胸围76～100cm，腰围62～86cm。

（3）中间体，上装为170/88A，下装为170/74A。根据表3-8男子各体型关键控制部位数值表和根据服装款式风格，设计中间体规格尺寸见表3-12，参照表3-10、表3-11加放具体的服装尺寸。

表3-12　中间体规格表

部位	胸围	总肩宽	后衣长	袖长	腰围	臀围	裤长
170/88A	106	44.7	72	59	76	100	102.5
档差	4	1.2	2	1.5	2	1.6	3

（4）推出系列规格表，见表3-13，其中灰框条代表中间体。

表3-13　5·4系列男西服上装A型规格表　　　　单位：cm

成品规格 型 / 部 号		72	76	80	84	88	92	96	100
胸围		90	94	98	102	106	110	114	118
总肩宽		39.9	41.1	42.3	43.5	44.7	45.9	47.1	48.3
155	后衣长		66	66	66	66			
	袖长		54.5	54.5	54.5	54.5			
160	后衣长	68	68	68	68	68	68		
	袖长	56	56	56	56	56	56		
165	后衣长	70	70	70	70	70	70	70	
	袖长	57.5	57.5	57.5	57.5	57.5	57.5	57.5	
170	后衣长		72	72	72	72	72	72	72
	袖长		59	59	59	59	59	59	59
175	后衣长			74	74	74	74	74	74
	袖长			60.5	60.5	60.5	60.5	60.5	60.5
180	后衣长				76	76	76	76	76
	袖长				62	62	62	62	62
185	后衣长					78	78	78	78
	袖长					63.5	78	78	78

5·4系列男西服上装A型系列规格表填制方法如下。

（1）根据表3-12的中间体规格设计，进行填写表5·4系列男西服上装A型中间体规格。

（2）围度系列中间体规格是胸围：106cm；总肩宽：44.7cm，以中间体为中心，向两边，胸围按4cm的档差（总肩宽按1.2cm的档差）依次递增或递减，形成不同的号型。围度系列尺寸随胸围的变化而变化。

（3）高度系列中间体规格：后衣长：72cm，袖长：59cm，以中间体为中心，向两边，后衣长按2cm的档差（袖长按1.5cm的档差）依次递增或递减，形成不同的号型。高度系列尺寸随身高的变化而变化。例如身高为170cm，无论胸围如何变化，其后衣长均为72cm，袖长59cm。

（4）高度系列规格表填写再根据表3-12进行系列规格填写。至此5·4系列男西服上装A型规格表填制完成。

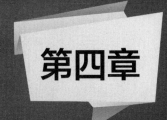

第四章

服装工业制板的原理与方法

一、平面图形的相似变换

在日常生活中，人的体型是千差万别的，为满足每个个体的需求，采用单量单裁的制板方式是比较理想的，但是，在讲求快速反应的服装行业中，这种作业方式存在着效率低下的明显不足。在长期的实践中，人们发现人的体型尽管存在一定差异性，但也存在着许多相似性，于是，服装企业从自身经营能力和市场实际出发，多采用现行的推板方式。这种工业制板方式主要是基于人体体型的相似性，其原理来自于数学中任意图形的相似变换。下面以$4cm \times 4cm$的正方形$ABCD$为标准形，扩放出为$6cm \times 6cm$的正方形$A_1B_1C_1D_1$来分析这一原理（图4-1）。

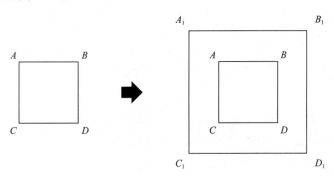

图4-1　正方形相似形放缩图（1）

在二维平面内，正方形$A_1B_1C_1D_1$可看作标准正方形$ABCD$的四个点A点、B点、C点、D点，分别按某个方向移动一定距离至点A_1、B_1、C_1、D_1而获得的。正方形$ABCD$扩放至正方形$A_1B_1C_1D_1$的问题就简化为确定A、B、C、D四个点的移动方向和距离两大问题。解决这两个问题的前提是确定坐标系。如图4-2所示，假设分别以正方形$ABCD$的边CD、AC为坐标轴，点C为原点建立坐标系，则正方形$A_1B_1C_1D_1$可通过以下方式获取，即点A向上移动$2cm$到点A_1，点B向上和向右均移动$2cm$到点B_1，点D向右移动$2cm$到点D_1，点C和C_1位于原点保持不动。

如图4-3所示，假设分别以正方形$ABCD$的中心为原点，边AC和CD方向分别为X轴和Y轴建立坐标系，则正方形$A_1B_1C_1D_1$可通过以下方式获取，即点A向上和向左均移动$2cm$到点A_1，点B向上和向右均移动$2cm$到点B_1，点C向下和向左均移动$2cm$到点C_1，点D向下和向右均移动$2cm$到点D_1。

通过比较图4-2和图4-3可发现，在不同的坐标系下，均可得到所需的正方形$A_1B_1C_1D_1$，只是基本形中A、B、C、D四个点的移动方向和距离不尽相同。即平面图形的相似变换原理为，在一定的坐标系中，将标准形的关键点按特定方向移动一定距离可获得所需的相似形。这一原理也体现在正方形$ABCD$缩放出正方形$A_2B_2C_2D_2$中，如图4-4所示。

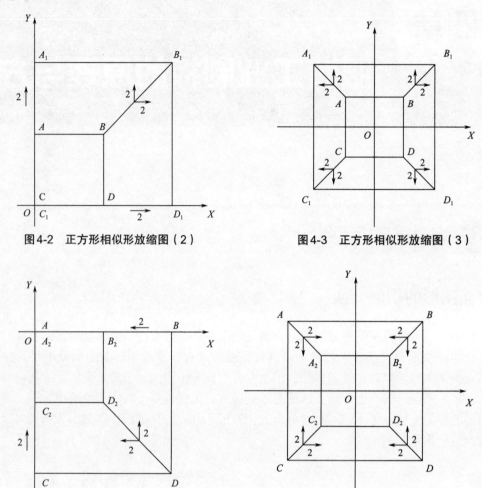

图4-2   正方形相似形放缩图（2）   图4-3   正方形相似形放缩图（3）

图4-4   正方形相似形放缩图（4）

    服装样板推放的原理来源于相似形的变换，这就要求成套号型规格系列样板必须具备相似性、平行性和规格档差一致性这三大特征。

    （1）同一款式、体型的全套号型规格系列样板，廓形必须相似。

    （2）全套号型规格系列样板的各对应部位的线条（包括直线和弧线）都必须保持平行。

    （3）全套号型规格系列样板，由小到大或由大到小依次排列，各对应部位的线条间距必须保持一致的档差。

二、服装推板的原理

    服装的推板基于图形的相似变换，但是人体各部位的变化规律是比较复杂的，各部位有着不同的变化规律，全套号型系列规格样板的绘制既要通过相似变换保证样板"型"不变，又必须符合人体体型的变化，做到二者的和谐统一。

    下面以文化式女上装原型为例进一步阐述服装推板的原理。

    如图4-5所示，将女上装原型的前后片设置若干条的分割线，分别将前、后片划分为8个格子。假设分别以胸围线和前、后中心线为基准线，胸围档差、腰围档差、背长档差分别用△B、△W、△背长表示，如图4-6、图4-7所示，把档差分配到每个格子中。

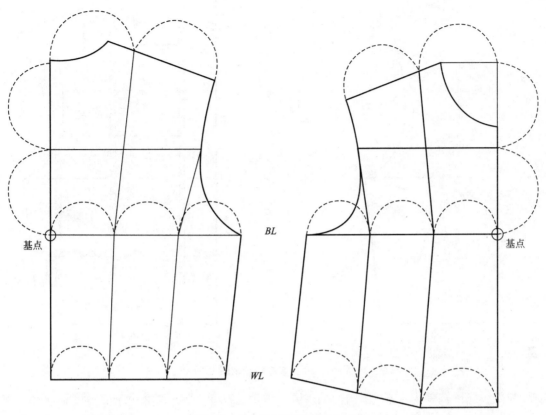

图4-5　女上装原型分割图（1）

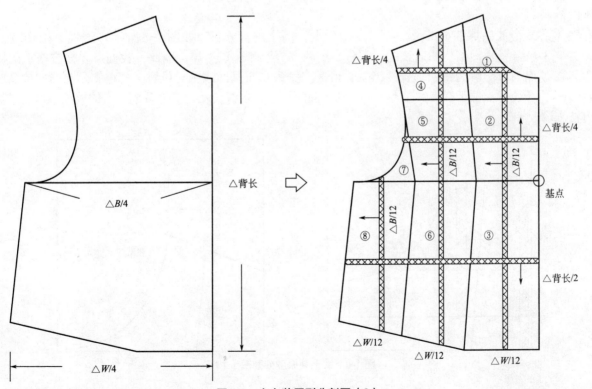

图4-6　女上装原型分割图（2）

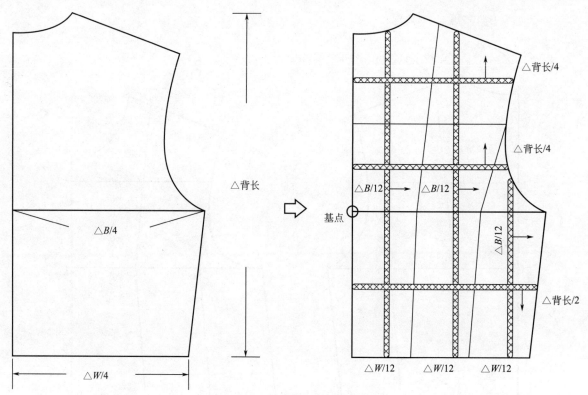

图4-7　女上装原型分割图（3）

　　以前片为例，胸围档差为△B，则前片的胸围档差为△B/4，则方格②由于其宽度是前片胸围的1/3，因此，分配给其的横向档差应为前片胸围档差的1/3，即△B/12，同理可知方格⑤和方格⑦的横向档差也是△B/12。方格②纵向的尺寸为背长/4，则其纵向档差应为背长档差的1/4，即△背长/4。由于方格⑤、⑦与方格②位于同一水平线上，方格⑤和方格⑦的纵向档差也是△背长/4。同理可推知前、后片其他方格分配的档差。

　　具体到某个放码点的放缩值，我们以侧颈点为例来进行分析。如图4-8所示，侧颈点位于方格①中，方格①包含了领窝结构和肩线的一部分，这两部分以侧颈点为界。因此，我们可以把方格①的横向档差以侧颈点为界分解为由两部分的档差。再根据侧颈点与基准线相对位置，可得侧颈点横向放缩值为△B/24，由于侧颈点位于样板的最上方，则其纵向放缩值为△背长/2。其他各放码点的放缩值可通过类似的方法求取。

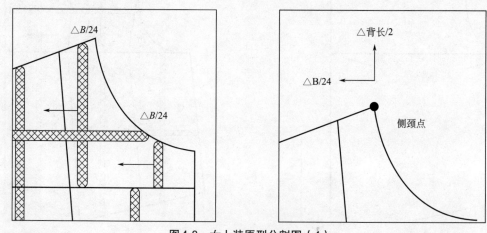

图4-8　女上装原型分割图（4）

　　通过上述的理论分析，在推板时，对于某个点的放缩值，可根据其所处的位置，并结合比例关系进行确定，就能做到既符合人体体型变化的需要，又能达到服装"保型"的目的。

三、推板基准线的设置

服装推板也称为服装样板的放缩，可看作平面图形的相似变换。从相似变换的原理可知，服装的推板实际就是移动标准样板的关键点，至于移动的方向和移动量的大小，则取决于所确定的坐标系。坐标系的原点，是固定不变的坐标定位点，在服装推板中，常称为"基点"。经过"基点"的纵、横向直线（大多数情况下）称为推板的"基准线"。换言之，服装推板时，需要首先确定推板的基准线。

（一）基准线设置的考量因素

基准线设置的合理与否直接关系到推板时能否有效、准确分离各号型样板以及对样板进行的检查和修改。设置推板的基准线主要应从以下几方面进行考量。

（1）应能最大限度地减小样板放缩过程中的误差，提高推板的精确度，保证服装设计效果和结构形式不变。

（2）应最有利于提高推板的工作效率。

（3）应便于展示结构复杂的线条，尽量避免各号线条靠得过近，难以区分。

除以上几点外，还应注意，尽可能选择重要的结构线为基准线，如胸围线、前/后中心线等；基准线一般选择直线或曲率较小的弧线。同时，基准线应首选纵向、横向的线条，当无合适的纵、横向线条时，才考虑其他方向的线条。

（二）上装样板基准线的设置

1. 前片基准线的设置

（1）以前中线和胸围线为基准线。

（2）以胸宽线和胸围线为基准线。

2. 后片基准线的设置

（1）以后中线和胸围线为基准线。

（2）以背宽线和胸围线为基准线。

（3）以后中线和腰节线为基准线。

3. 袖片基准线的设置

（1）以袖口线和偏袖线为基准线（两片袖）。

（2）以袖中线和袖宽线为基准线（一片袖）。

4. 领片基准线的设置

以领宽线和领中线为基准线。

（三）裤装样板基准线的设置

（1）以挺缝线和横裆线为基准线。

（2）以挺缝线和脚口线为基准线。

（四）裙装样板基准线的设置

（1）以中心线和腰围线为基准线。

（2）以中心线和臀围线为基准线。

（3）以省尖为基点作水平线、垂直线的基准线。

四、推板档差的确定

1. 档差与放缩值

档差指的是某款服装同一部位相邻两个号型规格尺寸的差值，是进行号型规格系列样板推放的数值依据。

在推板过程中，基点和基准线确定之后，样板边缘各端点（也称为放码点）的放缩值（即移动方向和数值）也就基本确定了。基点与放码点之间关系密切，放码点的放缩值取决于基点的设置。同一个放码点，当基点位置不同时，其放缩值也不同。但是，不论基点位置在何处，各放码点的放缩值如何，均需保证特定部位的档差不变，即档差的数值不受基点和放码点的影响。

服装推板既要保证服装的设计效果（即"型"）不变，又必须要符合人体体型的变化规律。因此，档差的确定就显得尤为关键。

服装主要部位的档差可以参考相对应的服装号型标准。如果是内贸服装，则可查阅我国现行的GB/T1335服装号型标准获取主要部位的分档数值。但要注意，我国现行的服装号型标准中规定成年人服装号型系列是5·4和5·2系列两种，对于内贸服装，一般不能自行确定别的号型系列，号型系列一旦确定，主要部位的档差也就确定了。如确定5·4系列。则身高和胸围的档差分别为5cm和4cm，这是在推板过程中不能随意更改的。

2. 档差的计算

号型标准中能查到的主要部位的档差是非常有限的，推板过程中还有许多部位的档差不能直接查到，如直开领、袖山高等部位，这时，需运用结构设计的公式及考虑人体比例分配关系来求取这些部位的档差。下面以5·4系列女上装为例，来分析一下档差的计算。

对于服装细部规格尺寸，制板时用下面的公式进行计算（单位：cm）。

$$Y = a \times X + b$$

其中，Y代表目标部位尺寸，X代表主要部位尺寸（通常是身高、胸围、腰围等），a为比例系数，b为调节常数。

根据该公式不难推出相应部位的档差算式

$$\triangle Y = a \times \triangle X$$

其中，$\triangle Y$指的是目标部位的档差，$\triangle X$指的是主要部位的档差（如身高档差、胸围档差等），a为比例系数。

假设用G和$\triangle G$分别代表身高和身高的档差，B和$\triangle B$分别代表胸围和胸围的档差，选用5·4系列，则$\triangle G = 5$，$\triangle B = 4$

根据各部位与身高/胸围的关系，可进一步推导以下部位的档差（单位：cm）。

$\triangle$前腰节长$= 0.2 \times \triangle G = 0.2 \times 5 = 1$

$\triangle$衣长$= 0.4 \sim 0.6 \times \triangle G = 0.4 \sim 0.6 \times 5 = 2 \sim 3$

$\triangle$袖窿深$= 0.2 \times \triangle B = 0.2 \times 4 = 0.8$

$\triangle$领围$= 0.25 \times \triangle B = 0.25 \times 4 = 1$

$\triangle$总肩宽$= 0.3 \times \triangle B = 0.3 \times 4 = 1.2$

$\triangle$袖长$= 0.15 \sim 0.3 \times \triangle G = 0.15 \sim 0.3 \times 5 = 0.75 \sim 1.5$

在此基础上，一些细部规格档差也可得出（单位：cm）。

$\triangle$前横开领$= 0.2 \times \triangle$领围$= 0.2 \times 1 = 0.2$

$\triangle$前直开领$= 0.2 \times \triangle$领围$= 0.2 \times 1 = 0.2$

$\triangle$后横开领$= 0.2 \times \triangle$领围$= 0.2 \times 1 = 0.2$

$\triangle$后直开领$= 0.33 \times \triangle$后横开领$= 0.33 \times 0.2 = 0.07$

$\triangle$胸宽$= 0.15 \times \triangle B = 0.15 \times 4 = 0.6$

$\triangle$背宽$= 0.15 \times \triangle B = 0.15 \times 4 = 0.6$

$\triangle$袖山高$= 0.15 \times \triangle B = 0.15 \times 4 = 0.6$

$\triangle$袖宽$= 0.2 \times \triangle B = 0.2 \times 4 = 0.8$

除了用公式计算细部规格档差外，还经常用比例的方法来计算。

如图4-9所示，假设线段AD的长度为10cm，档差$\triangle AD = 1$cm，AB=3cm，BC=3cm，则根据比例关系，可得AB、AC段档差分别为

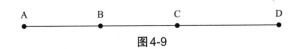

图4-9

$\triangle AB=3/10 \times \triangle AD=0.33$

$\triangle AC=（3+3）/10 \times \triangle AD=0.6$

表4-1是某品牌男式棉夹克的尺寸规格表。从中可以发现该款棉夹克大部分部位档差是均匀变化的，如衣长、胸围、下摆围、总肩宽等；而有些部位的档差变化是非均匀的，如袖口围，S号和M号档差为1，M号和L号档差为0，L号和XL号档差又为1，XL号和2XL号档差又为0。由此，我们可以发现对于某些特定部位档差并非固定不变的，应从服装保型和体型变化规律等方面综合考虑，确保最终系列样板的质量。

表4-1　男式棉夹克尺寸规格表　　　　　　　　　　　　　　　　　单位：cm

号型 部位	档差	S	M	L	XL	2XL	3XL
		160/80A	165/84A	170/88A	175/92A	180/96A	185/100A
衣长	2	63	65	67	69	71	73
胸围	4	108	112	116	120	124	128
下摆围	4	102	106	110	114	118	122
总肩宽	1.5	44	45.5	47	48.5	50	51.5
袖长	1.5	60	61.5	63	64.5	66	67.5
袖肥	1.6	42.8	44.4	46	47.6	49.2	50.8
袖口围	1	19	20	20	21	21	22
袖口宽		4	4	4	4	4	4
下摆宽		5	5	5	5	5	5
领围	1.5	47.5	49	49	50.5	50.5	52
领宽		8	8	8	8	8	8
前袋长	0.5	17.5	18	18	18.5	18.5	19
前袋宽		3.2	3.2	3.2	3.2	3.2	3.2
内袋长	0.5	13.5	14	14	14.5	14.5	15
内袋宽		2	2	2	2	2	2

从表4-1中还能看出，袖口宽（袖克夫宽）、领宽、前袋宽、内袋宽等细部的档差为0。这就提示我们推板时不是所有部位都要进行放缩，有些部位的尺寸不论大小号都是一致的，比如省道的大小、袖克夫宽、领面宽、口袋宽、腰头宽等。

第二节　推板的常用方法

现行的服装推板方法很多，按照操作的方式进行划分，可分为传统的手工推板和计算机推板两种。传统的手工推板，则可进一步细分为摞裁法、档差推画法、等分法等几种；计算机推板，则可细分为点推板、线推板、规则推板等。

一、传统手工推板

（一）摞裁法

摞裁是一种服装工业生产中直接用硬纸板进行样板扩放的方法。其操作方法是，先绘制一个小号型的服装标准样板，再依次剪出所需号型剪出系列样板的近似轮廓，按小号在上、大号在下的次序推板，根据各部位的档差逐次、逐边剪出系列规格样板。由于操作简便快捷，此方法适用于款式变化快的小批量、多品种的服装推板，但对操作人员的熟练度要求较高，同时当号型较多时，容易出现误差，所以现在已很少采用。

（二）档差推画法

档差推画法也叫总图推档法，是当前企业常用的推板方式。其操作方式常用的有两种，一种是先在纸上绘制出中间号的标准样板，接着按各部位的档差值，把其余号型的样板在同一张纸上推画出来，再用滚轮将每个号的样板分别复制出来进行校对；另一种是先在纸上绘制出中间号的标准样板，接着按各部位的档差值把相邻号型的样板推画出来并裁下与中间号的标准板对比，完全正确后作为新的标准样板，继续推放与其相邻号型的样板，周而复始，逐一推放出所有号型的样板。

（三）等分法

与前两种推板方法最大区别在于，这种方式不需要计算档差。在推板时，要先将所需号型系列样板中的最大号和最小号样板绘制出来，然后选定一条基准线，将最大号、最小号相对应的样板按基准线对齐重叠在一起，各对应点相连，用平行和等分的方式绘制出所需的系列样板。这种操作方法应格外注意各线条的平行性、相似性，以确保样板的质量。

二、计算机推板

随着计算机技术的发展与普及，愈来愈多的企业采用服装CAD系统进行服装样板的设计，使服装制板和推板的效率和精确性大大提高。

（一）点推板

点推板是最常见、应用最广泛的一种计算机推板方式，基本上国内外所有的服装CAD系统都提供这种方法。点推板可以看作档差推画法在计算机平台上的再现，但工作效率和精度比传统手工作业大为提高。

点推板在推板时，需要先设定基点和基准线，根据各部位的档差计算各推板点沿X轴、Y轴的移动量，使标准样板的推板点沿X轴、Y轴进行放缩。

在具体应用时，点推板还可进一步划分为尺寸表法和数值表法。

1. 尺寸表法

尺寸表法，在不同服装CAD系统中的表述有所不同，有的称作公式法，但原理基本上是相同的，即推板时需要先建立尺寸表，尺寸表中包含了所需推板部位的名称、尺寸、档差，推板时直接选择对应部位的名称，再输入公式，CAD系统便会按命令进行自动推板。

在有些系统现在还提供一种基于尺寸表的更便捷的推板方式。只要在尺寸表输入各号型、各部位的尺寸，CAD系统便会按固定的数值放大或缩小样板。这种推板方式更有利于初学者快速学习，初学者只要掌握样板各部位的档差便能实现快速推板，免去了寻找基点和基准线，计算X轴、Y轴偏移量等对初学者而言比较困难的环节。

2. 数值表法

在有些服装CAD系统中也称作自由设计法。与传统的档差推画法极其类似，需要先设定基点和基准线，再计算、输入各推板点的X轴和Y轴的偏移量进行推板，由计算机进行描图画线的工作。

（二）线推板

线推板也称作切开线推板。这是一种将样板切割展开的推板方法，将衣片尺寸变化，按纵（经向）横（纬向）两个方向加上切开线，在切开线中加入放缩量，达到推板的目的。切开线的数量、切开线的位置和档差的分配是这种推板方式需要注意的重点。

（三）规则推板

这种方法是将已推板的样板建立推板规则文件，当遇到类似款式且相同尺寸规格服装的推板时，将其推板规则复制到所需样板文件中进行推板的方法。这种推板方式大大减轻了操作人员的重复劳动，也保证了推板的效果和操作的质量。

第三节　女装原型的推板

一、上装原型的推板

以第七代文化式女装原型为例来分析服装推板的原理和方法。中间体号型为160/84A，具体制板尺寸见表4-2。选择5·4系列作为推板的依据，号型系列由3个规格构成，放大、缩小和中间标准各一个规格。中间体衣身原型结构图如图4-10、图4-11所示。本例中后肩省位置和省长的设置与常见的用定数来确定的方式略有不同，而是将后肩省的位置和长度与后肩斜线长联系起来，这样更符合人体体型的变化，而肩省的大小则仍然采用定数的方式。

表4-2　中间体女上装原型尺寸规格表　　　　　　　　单位：cm

部位	胸围（B）	背长	腰围（W）	袖长
尺寸	84	38	64	54

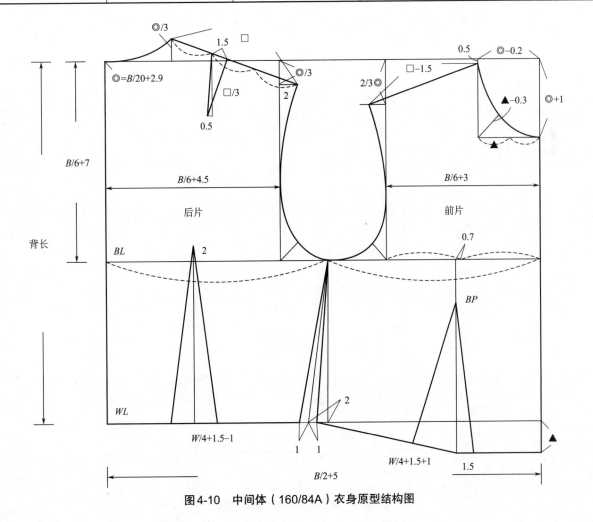

图4-10　中间体（160/84A）衣身原型结构图

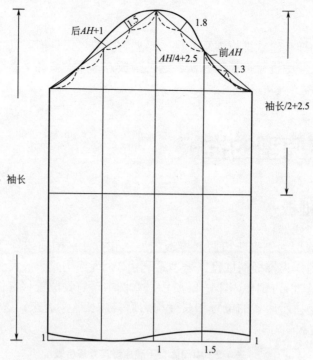

图4-11　中间体（160/84A）一片袖原型结构图

（一）后片的推板

后片各点的推板放缩值（单位：cm）如图4-12所示。

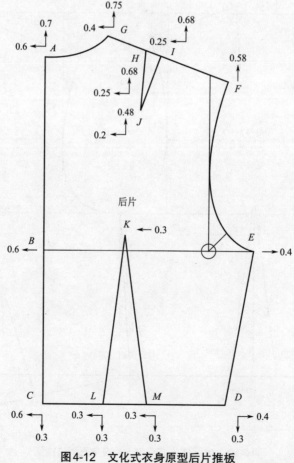

图4-12　文化式衣身原型后片推板

1. 后领中点 A

纵向上，由于 AB 段的档差为 $\triangle B/6=4/6 \approx 0.67$，取 0.7；横向上，$B$ 点到基点的距离为背宽，其档差为 $\triangle B/6=4/6 \approx 0.67$，取 0.6。

2. 点 B

横向上，参照点 A 横向档差取值，取 0.6；纵向，由于点 B 在基准线上，取 0。

3. 后肩颈点 G

横向，AG 段放缩值为后横开领的档差，根据公式后横开领 $=B/20+2.9$，采用 5·4 系列推板，则 $\triangle$ 后横开领 $=\triangle B/20=4/20=0.2$，由于点 A 横向放缩值为 0.6，则点 G 横向放缩值为 $0.6-0.2=0.4$。

纵向，后直开领 $=$ 后横开领 $/3$，则 $\triangle$ 后直开领 $=\triangle B/60 \approx 0.05$，点 A 纵向放缩值为 0.7，推得点 G 的纵向放缩值为 $0.7+0.05=0.75$。

4. 后肩端点 F

横向上需保证冲肩量不变，故放缩值取 0；纵向上，为保证肩斜度不变，放缩值取 0.58。

5. 后胸围大点 E

线段 BE 为基准线，所以点 E 纵向放缩值为 0，后片胸围档差为 $\triangle B/4=1$，点 B 横向放缩值为 0.6，故点 E 横向放缩值为 $1-0.6=0.4$。

6. 后腰中点 C

横向放缩值参照点 B，取 0.6；由于背长档差为 1，点 A 纵向放缩值为 0.7，则点 C 纵向放缩值为：$1-0.7=0.3$。

7. 后腰围大点 D

5·4 系列腰围分档数值为 1，分配到一个后片就是 1cm，且点 C 横向放缩值为 0.6，则点 D 横向放缩值为 $1-0.6=0.4$；因为同处于腰围线上，纵向放缩值参照点 C，为 0.3。

8. 后腰省省尖点 K

从图 4-10 可知，其位于背宽的 1/2 处，则横向放缩值为背宽档差的一半 $\triangle B/12$，取 0.3；点 K 纵向定位依据是胸围线以上 2cm，为定数，而胸围线是基准线，纵向偏移为 0，故点 K 纵向放缩值为 0。

9. 后腰省点 L、M

省道推板时，大小通常保持不变，参考点 K，则点 L、M 的横向放缩值均为 0.3；又因为点 L、M 与点 C、D 位于同一水平线线，则纵向偏移取 0.3。

10. 后肩省点 H、I、J

根据"保型"的原则推放。

（二）前片的推板

前片各点的推板放缩值（单位：cm）如图 4-13 所示。

1. 点 B'

横向上，B' 到基点的距离为背宽，其档差为 $\triangle B/6=4/6 \approx 0.67$，取 0.6；由于 B' 位于基准线上，故纵向放缩值为 0。

2. 前领中点 A'

横向放缩值参照点 B'，取 0.6；纵向上，由于线段 $A'G'$ 的档差为前直开领的档差，前直开领由后横开领确定，故线段 $A'G'$ 的档差等于后横开领的档差 0.2，点 A' 的纵向放缩值 $=$ 点 H' 的纵向放缩值 -0.2。

3. 前肩颈点 H'

横向放缩值 $=$ 点 B' 横向放缩值 $-$ 横开领档差 $=0.6-0.2=0.4$；纵向上，放缩值 $=\triangle B/6=4/6 \approx 0.67$，取 0.7。

4. 前肩端点 G'

横向上需保证冲肩量不变，故放缩值取 0；纵向上，为保证肩斜度不变，放缩值取 0.6。

5. 前胸围大点 F'

线段 $B'F'$ 为基准线，所以点 E' 纵向放缩值为 0，横向放缩值为 $\triangle B/4-0.6=0.4$。

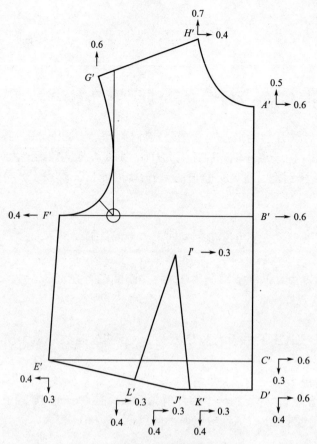

图4-13 文化式衣身原型前片推板

6. 前腰中点 C'

横向放缩值参照点 B'，取0.6；由于背长档差为1，点 G' 纵向放缩值为0.7，则点 C' 纵向放缩值为：1-0.7=0.3。

7. 点 D'

横向参照点 C'，横向放缩值取0.6；纵向放缩值取 $\triangle B/40+0.3=0.4$。

8. 前腰省省尖点 I'

从图4-10可知，其约位于胸宽的1/2处，则横向放缩值为胸宽宽档差的一半 $\triangle B/12$，取0.3；点 I' 纵向定位依据是胸围线以下2cm，为定数，而胸围线是基准线，纵向偏移为0，故点 I' 纵向放缩值为0。

9. 前腰省点 J'、K'、L'

省道推板时，大小通常保持不变，参考点 I'，则点 J'、K'、L' 的横向放缩值均为0.3；又因为点 J'、K' 与点 C' 位于同一水平线线，则纵向偏移取0.4。

10. 前腰围大点 E'

5·4系列腰围分档数值为1，分配到一个后片就是1cm，且点 C' 横向放缩值为0.6，则点 E' 横向放缩值为1-0.6=0.4；纵向放缩值参照点 C' 为0.3。

（三）袖片的推板

袖片推板的基准线为袖中线与袖宽线，两线的交点O为基准点。

如图4-14所示，在袖片形成袖筒立体后，袖片的分割①、②包覆于人体手臂外侧，分割片③、④则转移至腋下，如果从人体侧面看，成衣后由外至内，分别为袖片分割片①和②、分割片③和④、衣片的腋下分割片⑤和⑥。这三部分均位于人体侧面，在推板时应符合相同部位的体型变化规律。同时，衣片的肩端点 A、A' 与袖片的袖山顶点 A'' 在实际缝制成衣时是重合在一起的，袖宽线和胸围线缝合后基本处于同一水平线，且均为推板基准线，故袖片有关各点的放缩可参照位于相同部位衣片的各点（图4-15）。

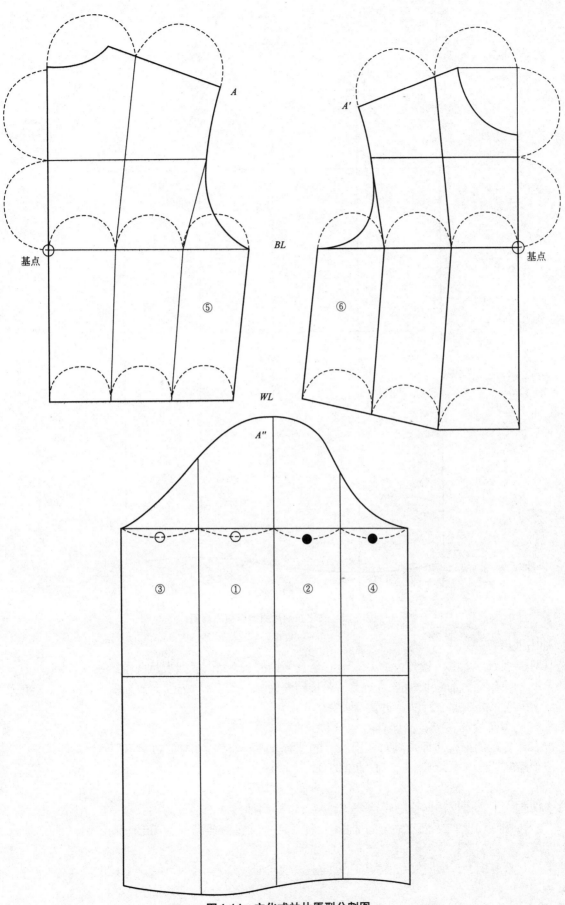

图4-14　文化式袖片原型分割图

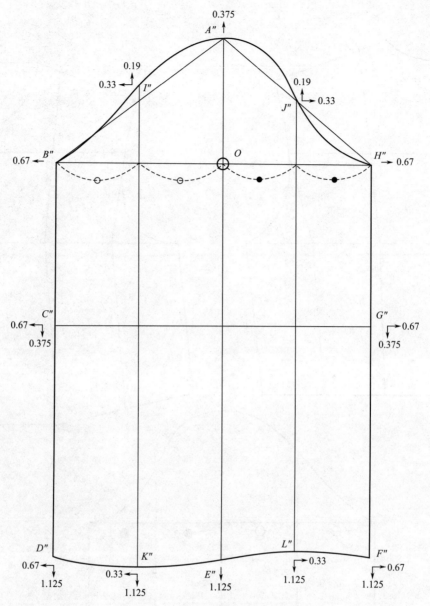

图4-15　文化式袖片原型推板原理图

1. 袖山顶点 A''

从其对应于衣片上的位置，大约为胸围线至上平线的3/4处，根据衣片分割的推板原理，由于胸围线以上部位的纵向放缩值为背长档差的一半，背长档差为1，则点 A'' 的纵向放缩值为3/4×1/2=0.375，又因为其位于纵向基准线上，所以横向放缩值为0。

2. 后袖宽点 B''

根据衣片分割的推板原理及其对应于衣片的位置，可推得该点的横向放缩值为 $2 \times \triangle B/3 \approx 0.67$，又因为其位于横向基准线上，所以横向放缩值为0。

3. 点 C''

位于袖肘线上，根据袖肘线的定位公式，从点 A'' 到袖肘线的档差为袖长档差的一半0.75，减去线段 $A''O$ 的档差，则点 C'' 的纵向放缩值为袖长档差/2-$A''O$档差 =0.75-0.375=0.375。

4. 点 E''

位于纵向基准线上，横向放缩值为0，纵向放缩值=袖长档差-$A''O$档差=1.125。

5. 点 D''

与点 E'' 一样均位于袖口处，纵向放缩值等于1.125，横向放缩值参照点 C''=0.67。

6. 点 F''、G''、H''

纵向放缩值分别与点 D''、C''、B'' 相等，移动方向相同；横向放缩值也分别与点 D''、C''、B'' 相等，但是移动方向相同。

7. 点 I''、J''

根据比例方式确定纵、横向放缩值。

8. 点 K''、L''

根据比例方式确定纵、横向放缩值。

最后，根据以上分析结果，分别绘制前片、后片和袖片的推板图，如图4-16所示。

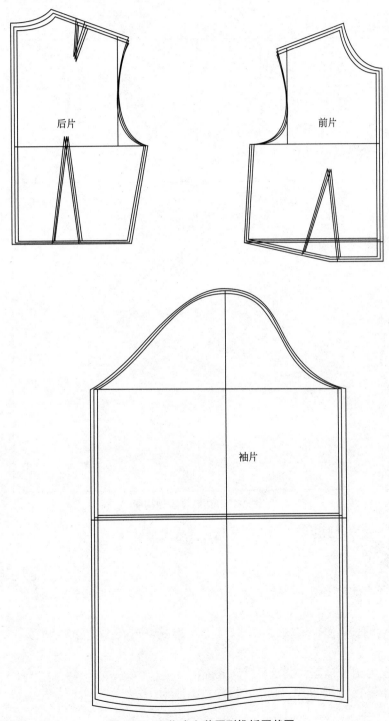

图4-16　文化式上装原型推板网状图

二、裙装原型的推板

第七代文化式裙装原型具体制板尺寸见表4-3。中间体裙装原型结构图如图4-17所示。

表4-3　中间体裙装原型尺寸规格表

单位：cm

部位	腰围（W）	腰长	臀围（H）	裙长
尺寸	64	19	90	60

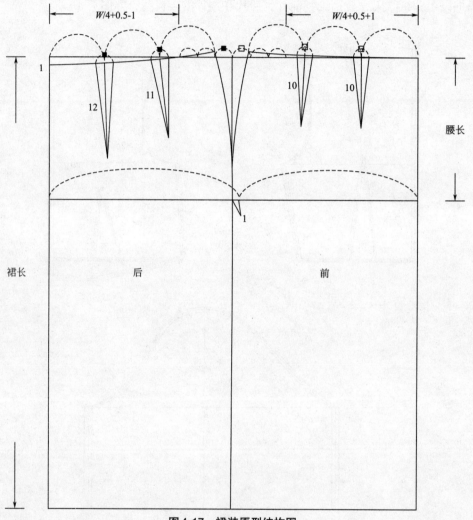

图4-17　裙装原型结构图

推板时，裙子前、后片分别以前、后中心线和臀围线为基准线。

（一）裙后片的推板

裙后片的推板及各点的放缩值（单位：cm）如图4-18所示，操作步骤如下。

1. 后腰中点A

点A纵向放缩值为腰长档差，取0.5，由于AC是基准线，则点A横向放缩值为0。

2. 后下摆中点C

线段AC纵向档差为裙长档差，则点C纵向放缩值＝裙长档差－腰长档差＝2-0.5=1.5，纵向放缩值为腰长档差，取0.5，由于AC是基准线，则点C横向放缩值为0。

3. 后腰围大点F

纵向放缩值与点A相同，横向放缩值为腰围档差的四分之一，取1。

4. 后臀围大点 E

横向放缩值与点 F 相同，由于 BE 是基准线，则点 E 纵向放缩值为 0。

5. 后下摆点 D

横向放缩值与点 F 相同，纵向放缩值与点 C 相同。

6. 后腰省点 G、H、J、K

横向放缩值由比例来确定，为保持腰围线的状态，纵向放缩值与点 A、F 相同，取 0.5。

7. 后腰省尖点 I、L

为保持省道大小不变，横向放缩值与对应的省道点相同；由于省尖位置约为腰长的三分之一，纵向放缩值为 0.5×1/3=0.17。

（二）裙前片的推板

裙前片各点的推板放缩值与后裙片的对应点基本相同，只是方向略有不同，如图 4-19 所示。此外，前腰省由于省长较后腰省略短，故相对位置有所改变，则省尖的纵向放缩值也与后片不同。

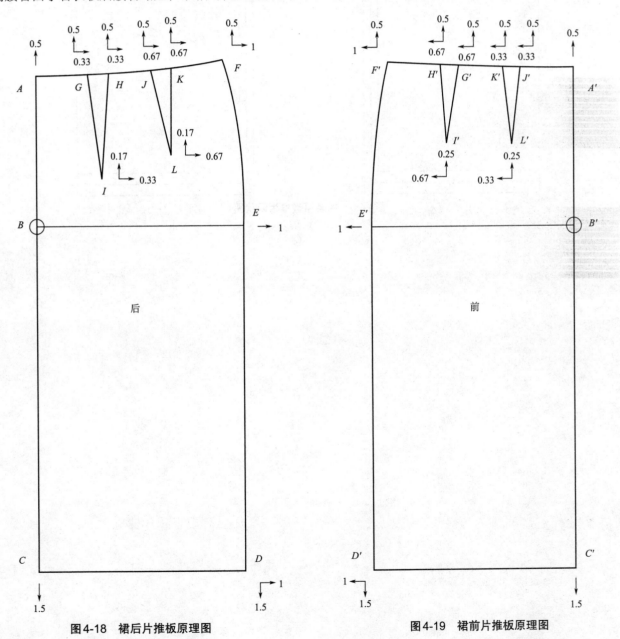

图 4-18　裙后片推板原理图　　　　　　　　图 4-19　裙前片推板原理图

根据以上分析结果，分别绘制裙前片、裙后片的推板图，如图4-20。

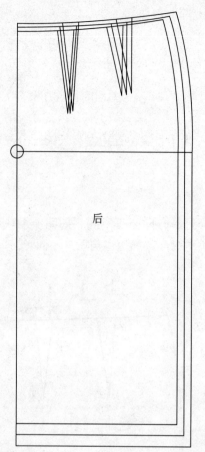
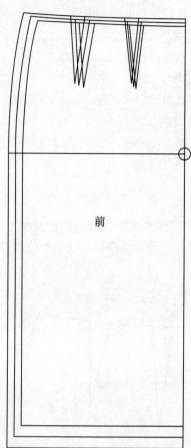

图4-20　裙装原型推板网状图

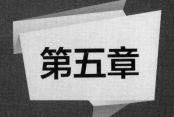

第五章

女装工业制板实例

第一节 女裙工业制板

一、西服裙工业制板

表5-1是一款典型的西服裙，款式特征为直筒、装腰、后开衩、后中设隐形拉链、裙身前片共四个腰省、后片各两个腰省。

表5-1 西服裙款式与成衣规格表

款号		品名	西服裙	文件编号	

正面　　　　　背面

部位 \ 规格	S	M	L	公差
	155/66	160/68	165/70	
裙长	58	60	62	±1
腰围	68	70	72	±1
臀围	94.2	96	97.8	±1
臀高	17.5	18	18.5	±0.3
拉链长	19.2	19.5	19.8	±0.3

制表/日期		执行/日期		批准/日期	

（一）基本纸样设计

西服裙以160/68A为例的纸样设计如图5-1所示。

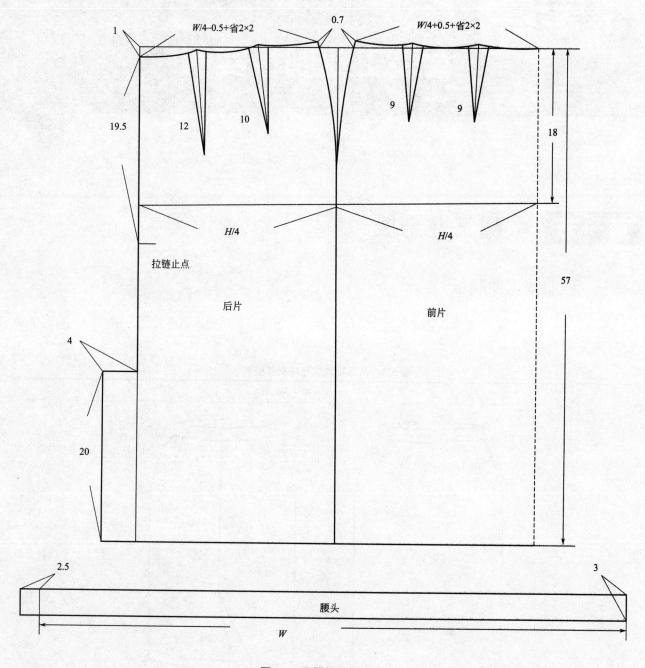

图5-1　西服裙结构设计

（二）毛板的制作

1. 面料毛板

西服裙面料毛板的结构图如图5-2所示，主要步骤如下。

（1）拓下结构图。

（2）加放各纸样的缝份。

（3）标示各刀口、钻眼。

（4）标示布纹线及文字。

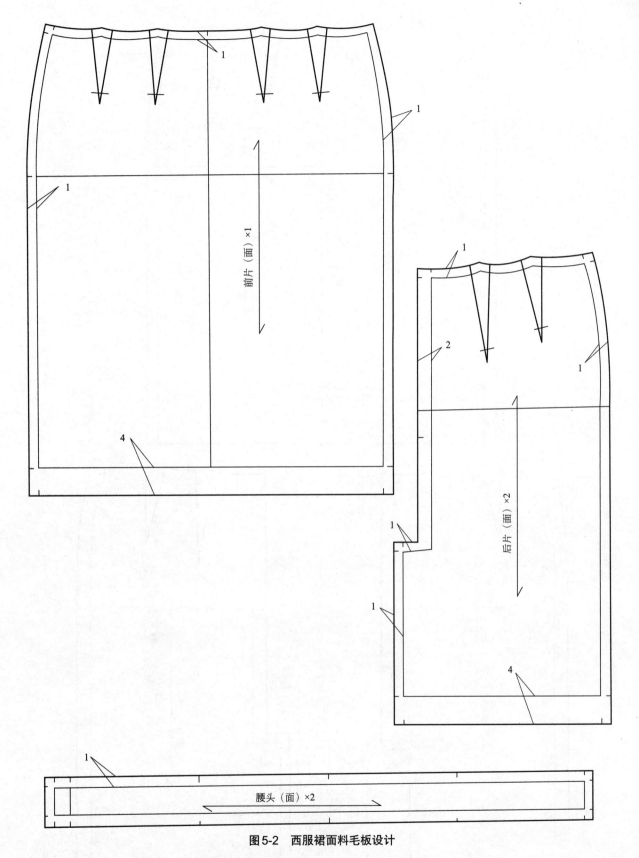

图5-2　西服裙面料毛板设计

由于裙子后中装拉链，所以此处留取拉链贴边2cm。另外，底摆留取折边宽4cm。

2. 里料毛板

西服裙里料毛板如图5-3所示。

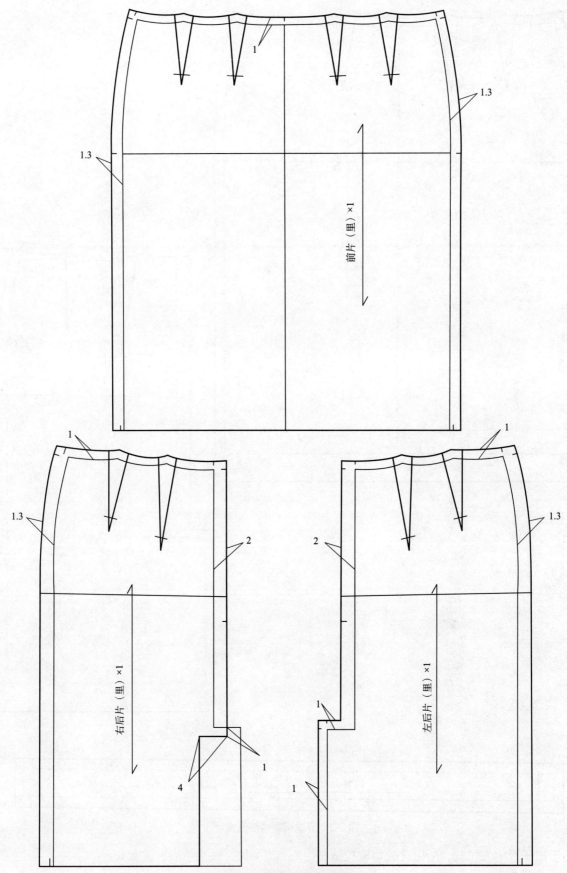

图 5-3　西服裙里料毛板设计

　　此款西服裙的裙身面开衩采用右后片压住左后片的加工工艺，且两后片大小相同，另外裙子采用全里子的加工工艺，所以左右后片的裙里的纸样是不同的。

3. 衬料毛板

　　西服裙需要粘衬的部位有腰头、拉链贴边、后衩贴边。

　　腰头的衬料样板可采用净板。

　　拉链贴边与后衩贴边的衬料样板采用毛板，但周边偏进 $0.3 \sim 0.5$ cm。

　　西服裙衬料毛板如图5-4所示。

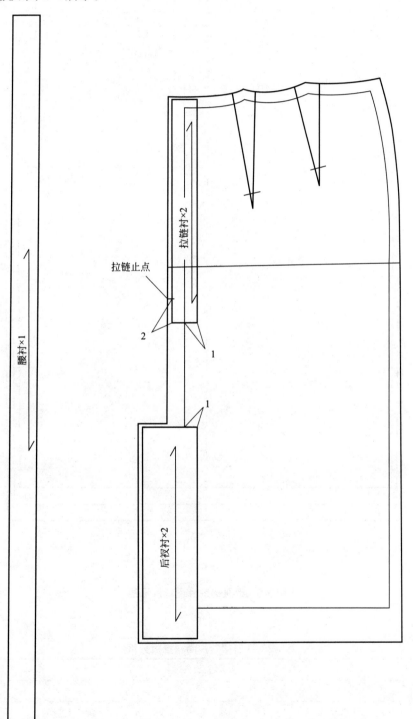

图5-4　西服裙衬料毛板设计

（三）推板

1.面料推板

（1）裙前片的推板如图5-5所示。

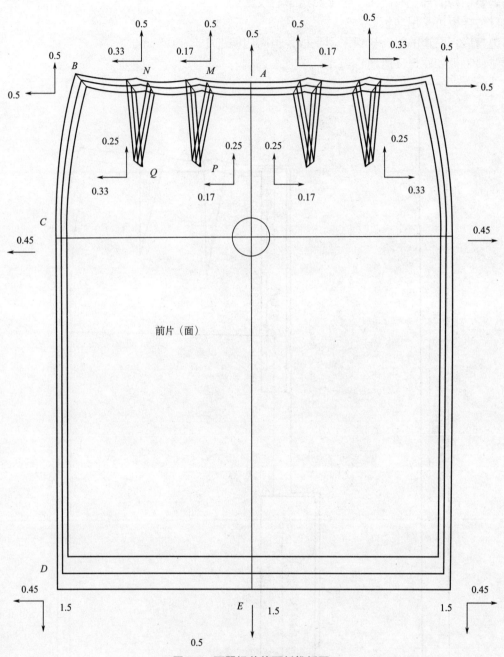

图5-5　西服裙前片面料推板图

前片推板分析见表5-2。

表5-2　西服裙前片面料推板分析 单位：cm

结构点	方向	推板依据	档差
A		在纵向基准线上	0
	↑	臀高，即档差0.5	0.5
B	←	W/4+0.5+省2×2，即腰围档差（2）/4	0.5
	↑	臀高+0.7，即臀高档差0.5	0.5

续表

结构点	方向	推板依据	档差
C	←	H/4，即臀围档差（1.8）/4	0.45
		在横向基准线上	0
D	←	同C点	0.45
	↓	L−臀高，即裙长档差（2）−臀高档差（0.5）	1.5
E		在纵向基准线上	0
	↓	同D点	1.5
M	←	（W/4+0.5+省2×2）/3，即腰围档差（2）/12	0.17
	↑	在腰线上，同A点	0.5
N	←	2（W/4+0.5+省2×2）/3，即2/3腰围档差（2）	0.33
	↑	同M点	0.5
P	←	同M点	0.17
	↑	臀高−省长（约臀高/2），即臀高档差（0.5）−省长档差（0.25）	0.25
Q	←	同N点	0.33
	↑	同P点	0.25

（2）裙后片、腰头的推板如图5-6所示。

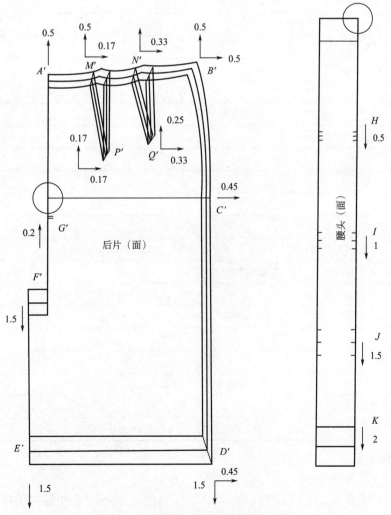

图5-6 西服裙后片、腰头面料推板图

腰头推板分析见表5-3。

表5-3　西服裙腰头推板分析　　　　　　　　　　　　　　单位：cm

结构点	方向	推板依据	档差
H		在纵向基准线上	0
	↓	W/4+0.5+3，即腰围档差（2）/4	0.5
I		同H	0
	↓	（W/4+0.5）+（W/4−0.5）+3，即腰围档差（2）/2	1
J		同H	0
	↓	（W/4+0.5）+2（W/4−0.5）+3，即3/4腰围档差（2）	1.5
K		同H	0
	↓	W+3，即腰围档差2	2

后片推板分析见表5-4。

表5-4　西服裙后片面料推板分析　　　　　　　　　　　　单位：cm

结构点	方向	推板依据	档差
A′		在纵向基准线上	0
	↑	臀高，即档差0.5	0.5
B′	→	W/4−0.5+省2×2，即腰围档差（2）/4	0.5
	↑	臀高+0.7，即臀高档差0.5	0.5
C′	→	H/4，即臀围档差（1.8）/4	0.45
		在横向基准线上	0
D′	→	同C′点	0.45
	↓	L−臀高，即裙长档差（2）−臀高档差（0.5）	1.5
E′		开衩宽度不变，档差为0	0
	↓	同D′点	1.5
F′		同E′点	0
	↓	开衩长度不变，档差为0，即同E′点	1.5
G′		在纵向基准线上	0
	↑	拉链长−臀高，即拉链长度档差（0.3）−臀高档差（0.5）	0.2
M′	→	（W/4−0.5+省2×2）/3，即腰围档差（2）/12	0.17
	↑	在腰线上，同A′点	0.5
N′	→	2（W/4−0.5+省2×2）/3，即2/3腰围档差（2）	0.33
	↑	同M′点	0.5
P′	→	同M′点	0.17
	↑	臀高−省长（约2/3臀高），即臀高档差（0.5）−省长档差（0.33）	0.17
Q′	→	同N′点	0.33
	↑	臀高−省长（约臀高/2），即臀高档差（0.5）−省长档差（0.25）	0.25

2.里料及衬料的推板

里料的推板方法与面料基本相同。

在衬料样板中，由于后身开衩的长度不变，所以后衩衬不需推板。而拉链衬的样板需根据拉链长度档差做调整。同样的腰衬也需根据腰围档差做变化（图5-7）。

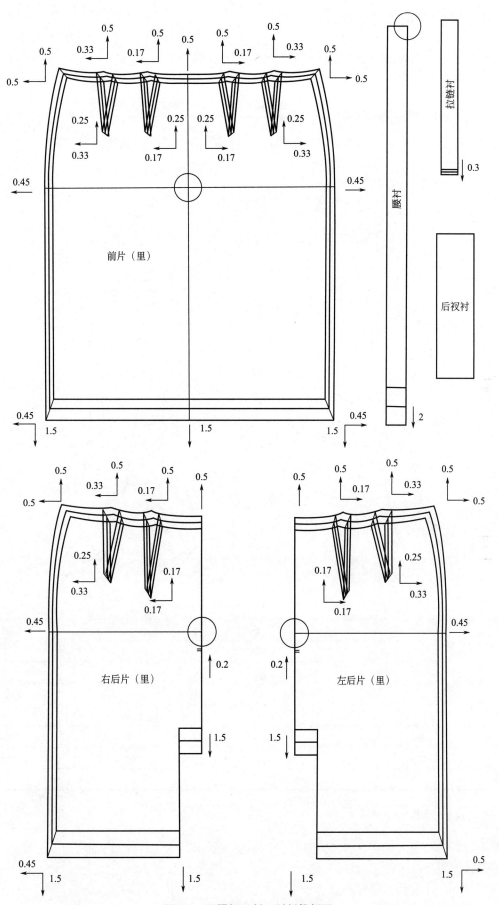

图5-7 西服裙里料、衬料推板图

二、鱼尾裙工业制板

表5-5是一典型纵向分割的八片鱼尾裙，从腰至膝盖比较合体，膝盖以下展开，像鱼尾的造型，侧缝装拉链。

表5-5　鱼尾裙款式与成衣规格表

款号		品名	鱼尾裙	文件编号	

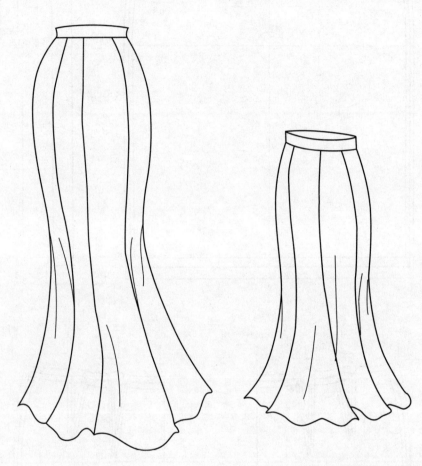

规格 部位	S 155/66	M 160/68	L 165/70	公差
裙　长	80.5	83	85.5	±1
腰　围	64	66	68	±1
臀　围	90.2	92	93.8	±1
臀　高	17.5	18	18.5	±0.3
拉链长	19.2	19.5	19.8	±0.3
制表/日期		执行/日期		批准/日期	

（一）基本纸样的设计

本款裙装以160/68A为例来制作基本纸样，如图5-8所示，主要步骤如下。

（1）制作合体裙基础纸样。

（2）腰省分配，并进行纵向分割。

（3）设计裙摆展开位置及展开量。

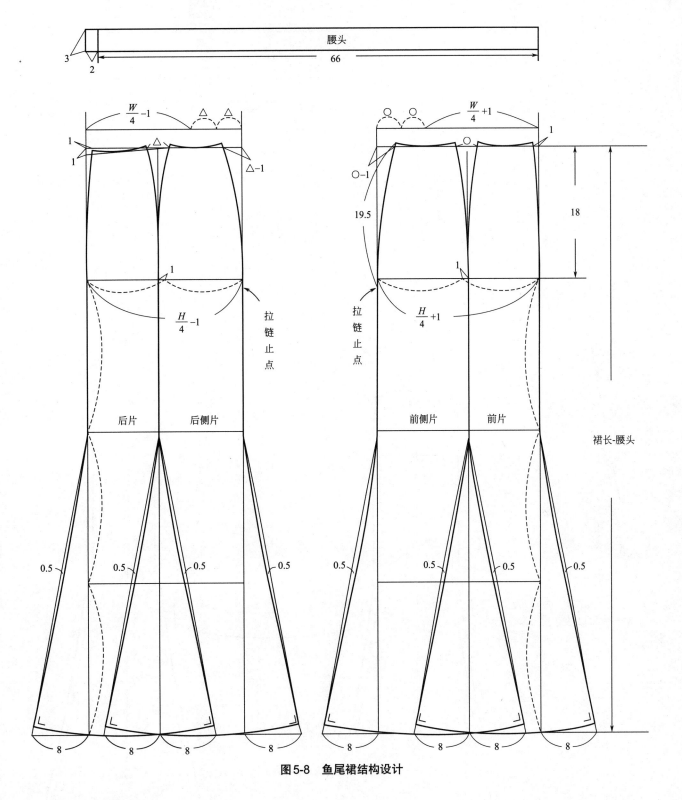

图5-8 鱼尾裙结构设计

（二）毛板的制作

毛板的制作如图5-9所示，主要制作步骤如下。

（1）拓下结构图。

（2）加放各纸样的缝份。

（3）标示对位标记及文字标注。

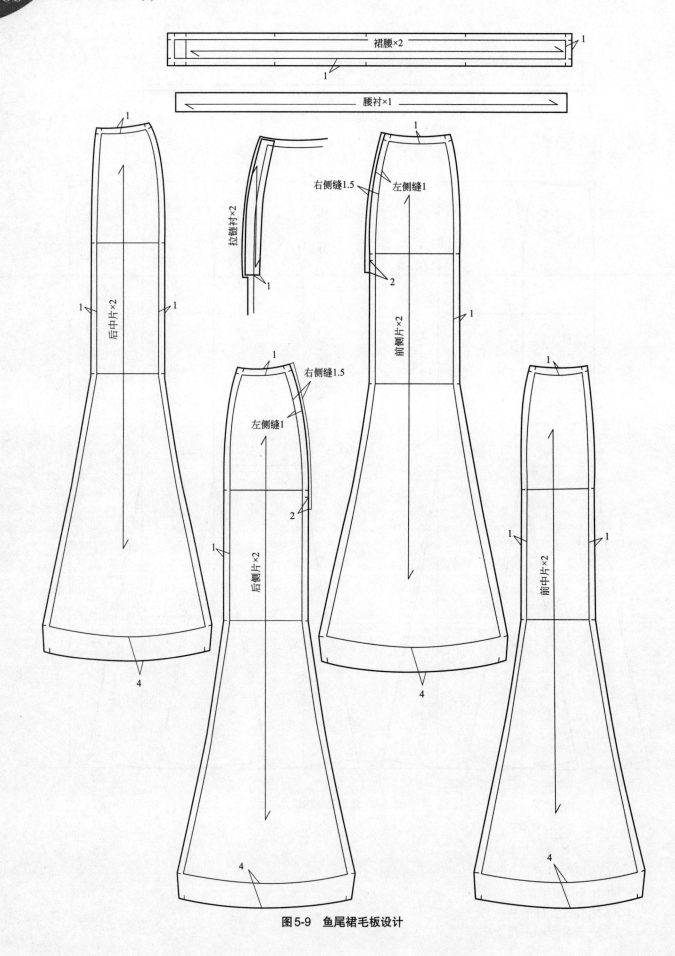

裙腰×2

腰衬×1

拉链衬×2

右侧缝1.5　左侧缝1

后中片×2

前侧片×2

右侧缝1.5

左侧缝1

后侧片×2

前中片×2

图5-9　鱼尾裙毛板设计

由于裙子右侧缝处要装拉链，所以在右侧缝装拉链的位置留取贴边1.5cm，而左侧缝只需基本缝份量1cm。另外，腰头及拉链贴边处需粘衬，腰头的衬料样板采用净板，拉链贴边则用毛板。

（三）推板

1. 裙前片推板

裙前片推板如图5-10所示。

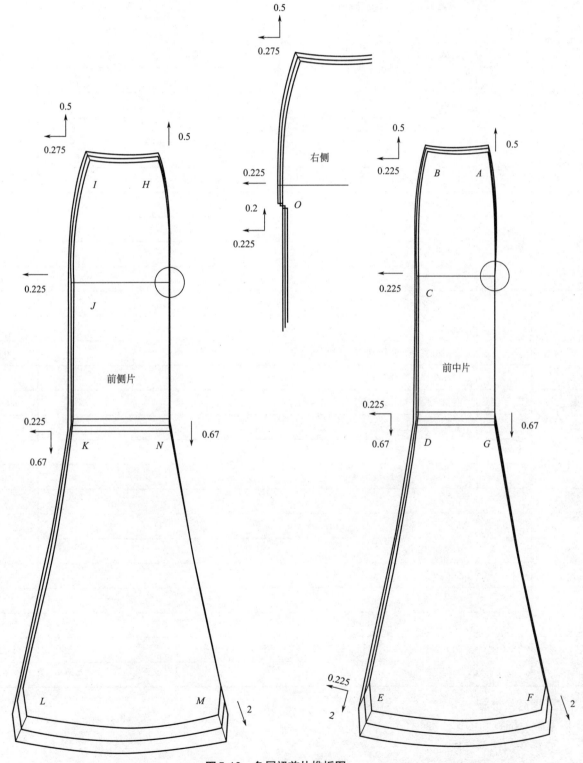

图5-10 鱼尾裙前片推板图

鱼尾裙前片推板分析见表5-6。

表5-6　鱼尾裙前片推板分析　　　　　　　　　　　　　　单位：cm

结构点	方向	推板依据	档差
A		在纵向基准线上	0
	↑	臀高，即档差0.5	0.5
B	←	（H/4+1）/2−1，即臀围档差（1.8）/8	0.225
	↑	同A点	0.5
C	←	同B点	0.225
		在横向基准线上	0
D	←	同B点	0.225
	↓	（裙长−臀高）/3，即（裙长档差2.5−臀高档差0.5）/3	0.67
E	↘	同B点	0.225
	↙	裙长−臀高，即裙长档差2.5−臀高档差0.5	2
F		在纵向基准线上	0
	↘	同E点	2
G		在纵向基准线上	0
	↓	同D点	0.67
H		在纵向基准线上	0
	↑	同A点	0.5
I	←	腰围档差/4−B点横向档差，即2/4−0.225	0.275
	↑	同H点	0.5
J	←	臀围档差/4−C点横向档差，即1.8/4−0.225	0.225
		在横向基准线上	0
K	←	同J点	0.225
	↓	同D点	0.67
L	↘	同J点	0.225
	↙	同E点	2
M		在纵向基准线上	0
	↘	同L点	2
N		在纵向基准线上	0
	↓	同K点	0.67
O	←	同J点	0.225
	↑	拉链长档差0.3	0.2

2. 裙后片推板

裙后片推板如图5-11所示。

3. 腰头及衬料推板

腰头及衬料推板如图5-12所示。

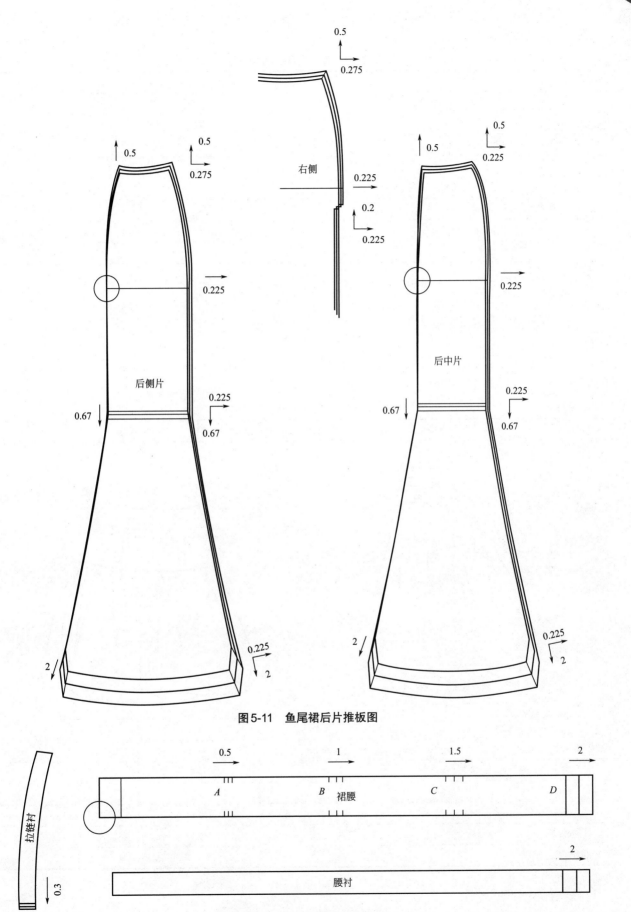

图5-11　鱼尾裙后片推板图

图5-12　鱼尾裙腰头及衬料推板图

腰头推板分析见表5-7。

表5-7　鱼尾裙腰头推板分析　　　　　　　　单位：cm

结构点	方向	推板依据	档差
A	→	腰围档差/4	0.5
		腰头宽度不变	0
B	→	腰围档差/2	1
		同A点	0
C	→	3/4腰围档差	1.5
		同A点	0
D	→	同腰围档差	2
		同A点	0

在衬料样板中，拉链衬、腰衬均根据相应的拉链与腰围档差做调整。

三、灯笼裙工业制板

表5-8是无腰短灯笼裙，款式特征为横向分割，上面为无腰省育克，下面为灯笼裙身，侧边各有一个大的立体贴袋，侧缝装隐形拉链。

表5-8　灯笼裙款式与成衣规格表

款号		品名	灯笼裙	文件编号	

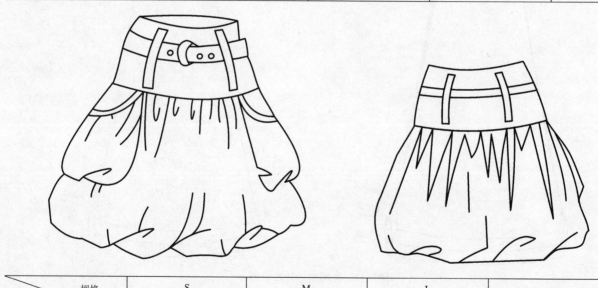

规格 部位	S	M	L	公差
	155/66	160/68	165/70	
裙长	48.5	50	51.5	±1
腰围	64	66	68	±1
臀高	17.5	18	18.5	±0.3
拉链长	19.2	19.5	19.8	±0.3
制表/日期		执行/日期		批准/日期	

（一）基本纸样的设计

灯笼裙纸样设计如图5-13、图5-14所示，其制作步骤如下。

（1）制作合体裙基础纸样。

（2）进行横向育克分割。

（3）分割的上部分，将省量合并，形成完整的育克。

（4）分割的下部分，进行竖向切展，形成蓬松所需褶量。

（5）侧袋部分，同样进行竖向切展，形成上口宽松造型。

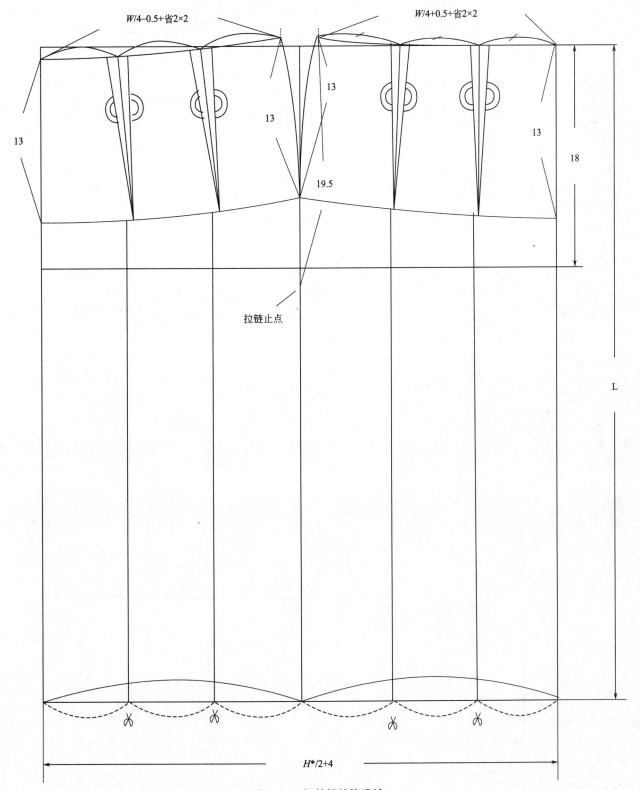

图5-13　灯笼裙结构设计1

图5-14　灯笼裙结构设计2

（二）毛板的制作

1. 面料毛板

面料毛板制作如图5-15所示，制作步骤及重点如下。

（1）拓下结构图。

（2）加放各纸样的缝份。

（3）标示对位标记及文字标注。

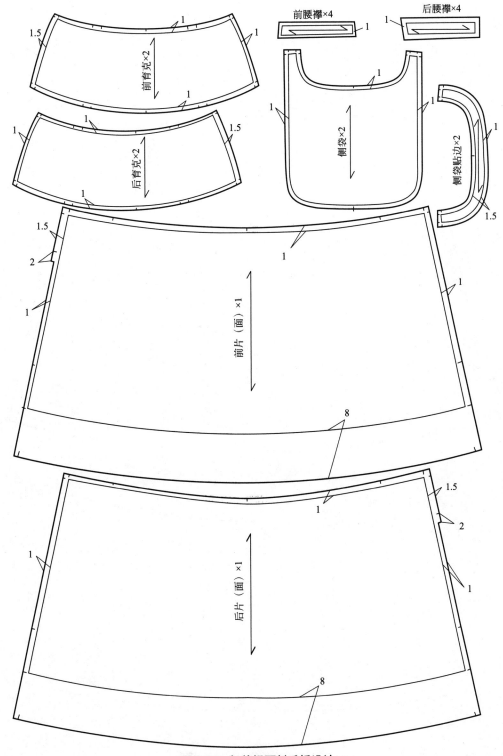

图5-15　灯笼裙面料毛板设计

2. 里料、衬料毛板

　　此款灯笼裙的裙摆处，面子向里子一侧翻折，折边宽6cm，所以面子长、里子短，在此基础上再各加放1cm缝份。因此，裙摆处面子放8cm、里子缩6cm。

　　育克衬的样板同面料的毛板设计。另外，在裙片右侧缝装拉链处粘拉链衬，设计方法同前两款裙子（图5-16）。

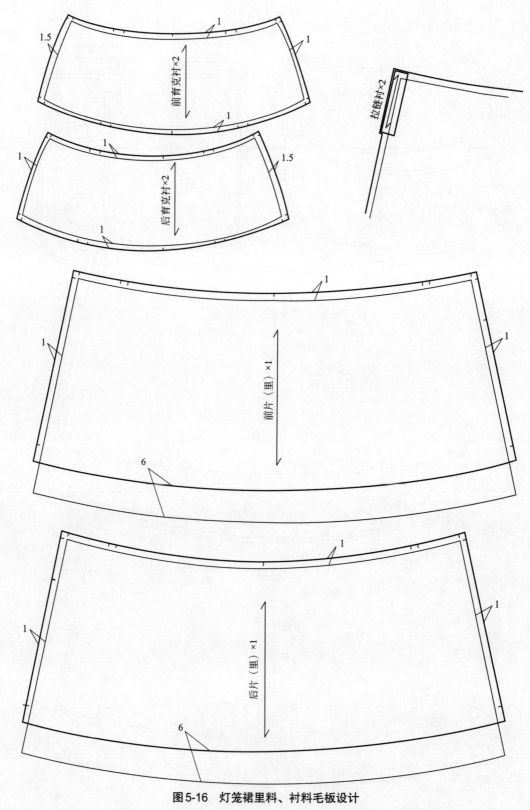

图5-16　灯笼裙里料、衬料毛板设计

（三）推板

1. 裙身的推板

裙身的推板如图5-17所示。

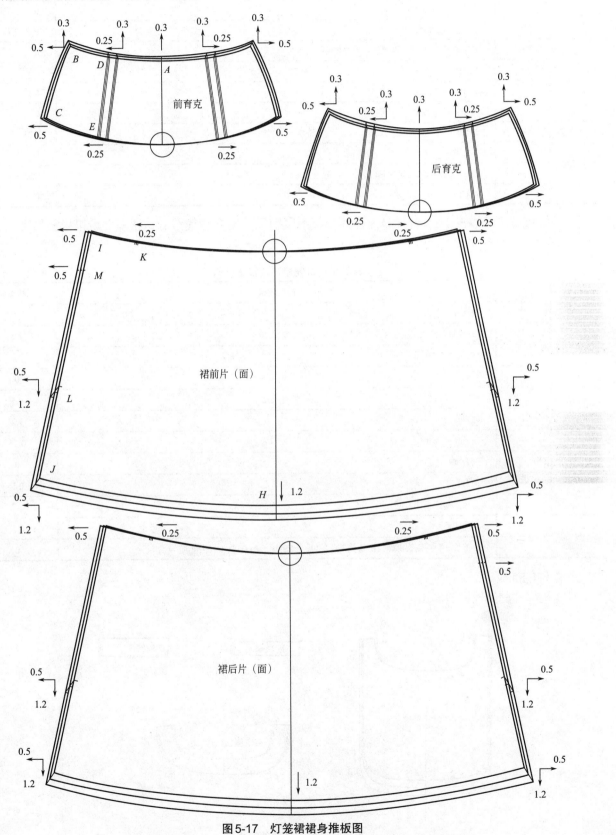

图5-17 灯笼裙裙身推板图

育克推板分析见表5-9。

表5-9　灯笼裙育克推板分析　　　　　　　　　　　　　　　　单位：cm

结构点	方向	推板依据	档差
A		在纵向基准线上	0
	↑	2/3臀高，即档差0.3	0.3
B	←	W/4+0.5+省2×2，即腰围档差（2）/4	0.5
	↑	同A点	0.3
C	←	同B点	0.5
		在横向基准线上	0
D	←	B点横向变化/2，即0.5/2	0.25
	↑	同A点	0.3
E	←	C点横向变化/2，即0.5/2	0.25
		同C点	0

裙片推板分析见表5-10。后片与前片的样板的区别只体现在腰线有1cm落差，所以推板原理与方法相同。

表5-10　灯笼裙裙片推板分析　　　　　　　　　　　　　　　　单位：cm

结构点	方向	推板依据	档差
H		在纵向基准线上	0
	↓	L-育克高度，即裙长档差（1.5）-育克高度档差（0.3）	1.2
I	←	同育克围度档差	0.5
		在横向基准线上	0
J	←	同I点	0.5
	↓	同H点	1.2
K	←	口袋档差为0.5	0.25
		同I点	0
L	←	同I点	0.5
		与裙摆间距不变，同J点	1.2
M	←	因此同I点	0.5
		拉链长-育克侧长，即拉链长档差（0.3）-育克侧长档差（0.3）	0

2. 部件的推板

灯笼裙部件的推板见图5-18。

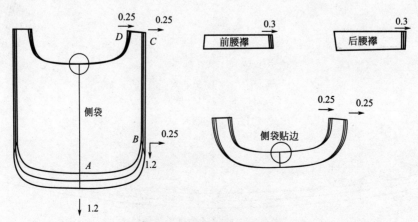

图5-18　灯笼裙部件推板图

侧袋的推板分析见表5-11。

表5-11　灯笼裙侧袋推板分析　　　　　　　　单位：cm

结构点	方向	推板依据	档差
A		在纵向基准线上	0
	↓	与裙摆间距不变，同前片的长度档差	1.2
B	→	袋口大小档差0.5	0.25
	↓	同A点	1.2
C	→	同B点	0.25
		在横向基准线上	0
D	→	袋口侧边宽不变，所以同C点	0.25
		同C点	0

袋口贴边的推板同侧袋推板方法类似，且贴边宽度不变。另外，腰襻的推板中，宽度为通码不需变化，而长度变化同育克的高度。

3. 里料、衬料的推板

前、后里料以及前、后育克衬料的推板方法与面料基本相同（图5-19）。需要注意的是拉链贴边处衬料的推板。由于绱拉链的上端是育克部分，而这部分的长度档差已经同拉链长度的档差相同，所以下端裙片处的拉链贴边在推板中长度不变，同时宽度也是不变的。

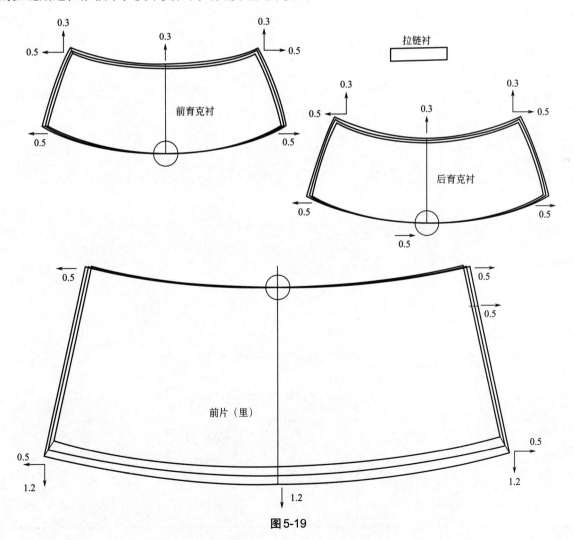

图5-19

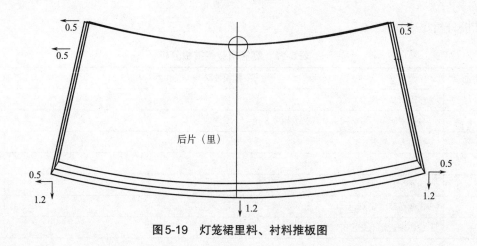

图5-19　灯笼裙里料、衬料推板图

<table>
<tr><td>第二节</td><td>女裤工业制板</td></tr>
</table>

一、抽褶休闲裤工业制板

表5-12是一带抽褶设计的休闲裤，款式特征为低腰、合体、裤身下部侧缝处装细带抽褶，另外有前后贴袋设计，且袋底也呈自然皱缩的立体效果。

表5-12　抽褶休闲裤款式与成衣规格表

款号		品名	抽褶休闲裤	文件编号	

规格 部位	S 155/66	M 160/68	L 165/70	公差
裤长	91	94	97	±1
腰围	66	68	70	±1
臀围	94.2	96	97.8	±1
直裆	22.4	23	23.6	±0.5
脚口宽	16.5	17	17.5	±0.5
拉链	12.5	13	13.5	±0.5

制表/日期		执行/日期		批准/日期	

（一）基本纸样的设计

抽褶休闲裤的基本纸样如图5-20、图5-21所示。其主要步骤如下。

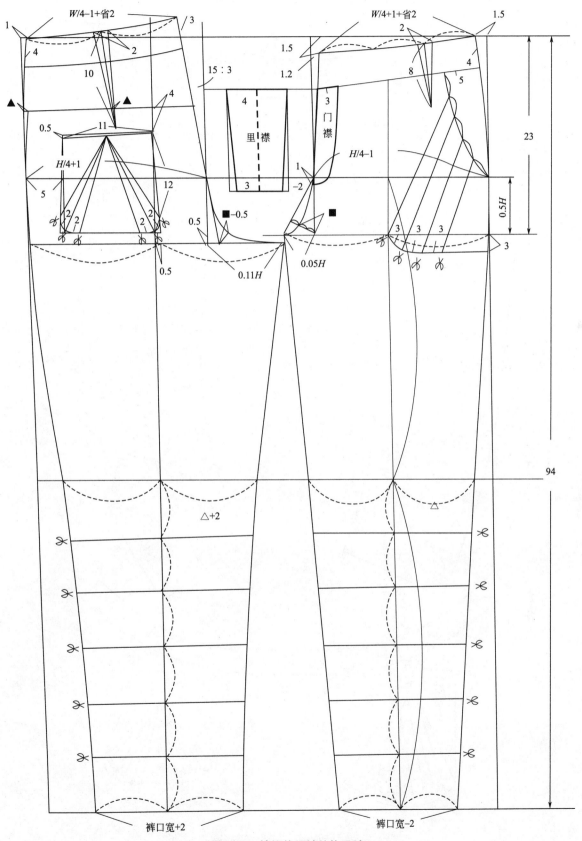

图5-20　抽褶休闲裤结构设计1

（1）完成裤子基本结构。

（2）切展腿部及口袋，设计抽褶所需量。

（3）合并后腰省，完成育克结构；合并前、后腰省，完成腰头结构。

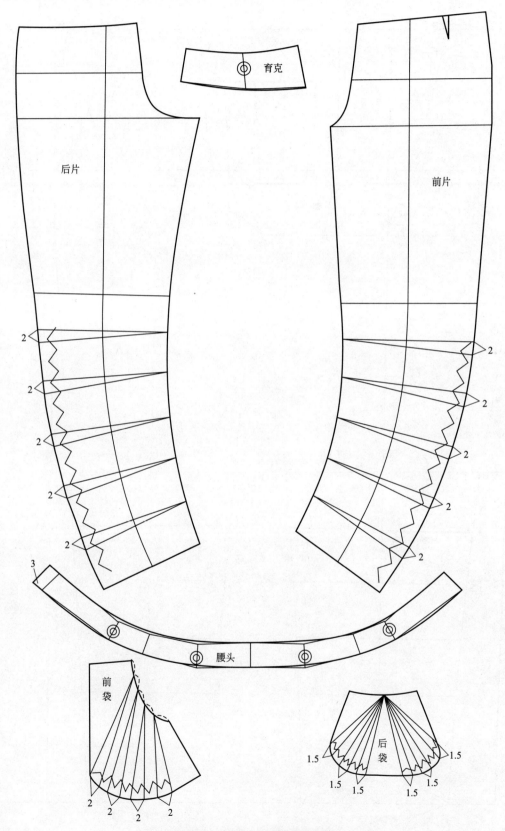

图5-21　抽褶休闲裤结构设计2

（二）毛板的制作

面料毛板制作如图5-22所示，其主要步骤如下。

（1）拓下结构图。

（2）加放各纸样的缝份。

（3）标示对位标记及文字标注。

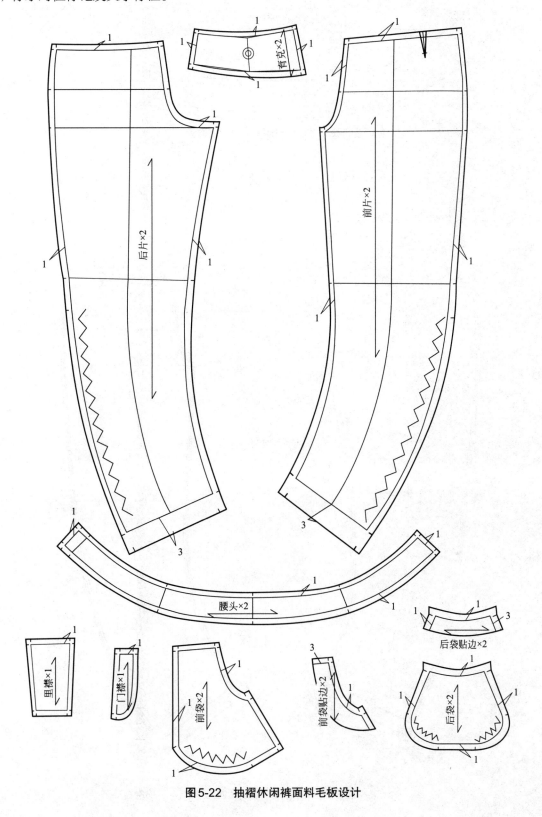

图5-22 抽褶休闲裤面料毛板设计

衬料毛板如图5-23所示，均采用毛样板，比相应面料毛板略小。

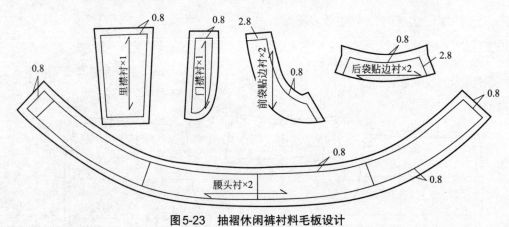

图5-23　抽褶休闲裤衬料毛板设计

（三）推板

1. 裤片推板

抽褶休闲裤裤片推板如图5-24所示。

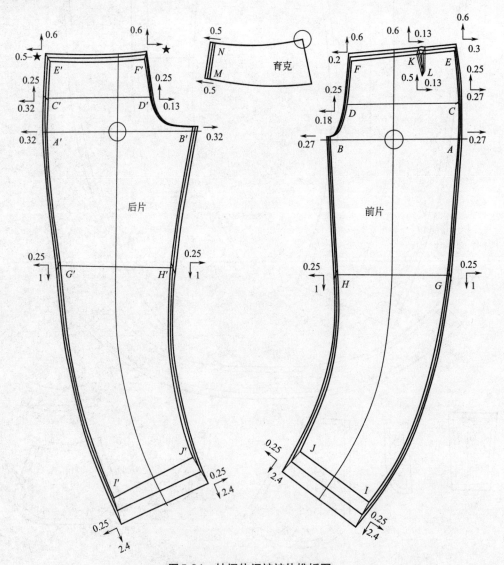

图5-24　抽褶休闲裤裤片推板图

抽褶休闲裤前片推板分析见表5-13。

表5-13　抽褶休闲裤前片推板分析　　单位：cm

结构点	方向	推板依据	档差
A	→	横裆/2，即（0.05H+H/4）/2	0.27
		在横向基准线上	0
B	←	同A点	0.27
		同A点	0
C	→	同A点	0.27
	↑	0.5H	0.25
D	←	H档差/4−C点横向档差	0.18
	↑	同C点	0.25
E	→	按照臀围在前挺缝两侧的比例进行腰围尺寸分配	0.3
	↑	直裆档差	0.6
F	←	前腰围档差−E点横向档差	0.2
	↑	同E点	0.6
G	→	脚口宽档差/2	0.25
	↓	［裤长−（直裆−0.5H）］/2−0.5H	1
H	←	同G点	0.25
	↓	同G点	1
I	↘	脚口宽档差/2	0.25
	↙	裤长−直裆	2.4
J	↘	同I点	0.25
	↙	同I点	2.4
K	→	E点横向档差−W档差/4/3	0.13
	↑	同E点	0.6
L	→	同K点	0.13
	↑	腹凸省位约为臀高/2	0.5

抽褶休闲裤育克推板分析见表5-14。

表5-14　抽褶休闲裤育克推板分析　　单位：cm

结构点	方向	推板依据	档差
M	↘	W/4	0.5
		育克宽不变	0
N	↘	同M点	0.5
		在横向基准线上	0

抽褶休闲裤后片推板分析见表5-15。

表5-15　抽褶休闲裤后片推板分析　　单位：cm

结构点	方向	推板依据	档差
A'	←	横裆/2，即（0.11H+H/4）/2	0.32
		在横向基准线上	0
B'	→	同A'点	0.32
		同A'点	0

续表

结构点	方向	推板依据	档差
C'	←	同A'点	0.32
	↑	0.5H	0.25
D'	→	H档差/4−C'点横向档差	0.13
	↑	同C'点	0.25
E'	←	W档差/4−F'点横向档差	0.5−★
	↑	直档档差	0.6
F'	→	保证后中困势不变，即后中斜线平行	★
	↑	同E'点	0.6
G'	←	脚口宽档差/2	0.25
	↓	［裤长−（直档−0.5H）］/2−0.5H	1
H'	→	同G'点	0.25
	↓	同G'点	1
I'	↙	（脚口宽−2）/2	0.25
	↘	裤长−直档	2.4
J'	↗	同I'点	0.25
	↘	同I'点	2.4

2. 部件推板

抽褶休闲裤部件推板如图5-25所示。

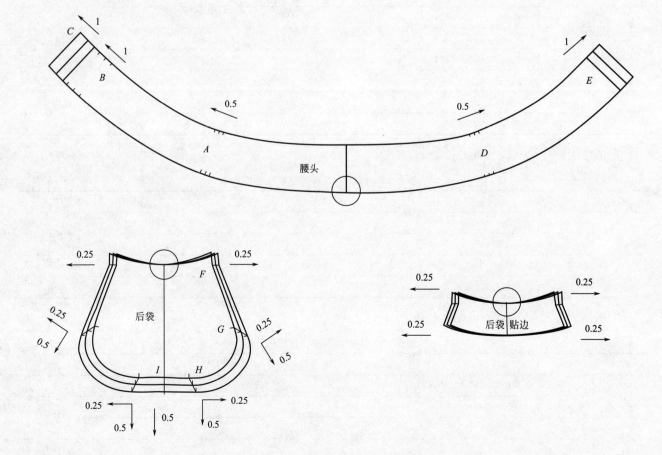

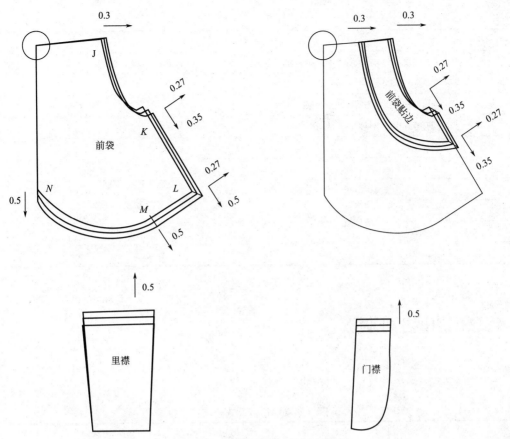

图5-25 抽褶休闲裤部件推板图

抽褶休闲裤部件推板分析见表5-16。

表5-16 抽褶休闲裤部件推板分析 单位：cm

结构点	方向	推板依据	档差
A	↖	W/4−1，即腰围档差/4	0.5
		腰头宽度不变	0
B	↖	W/2，即腰围档差/2	1
		腰头宽度不变	0
C	↖	W/2+3，即腰围档差/2	1
		腰头宽度不变	0
D	↗	同A点	0.5
		腰头宽度不变	0
E	↗	同B点	1
		腰头宽度不变	0
F	→	袋宽档差（0.5）/2	0.25
		在横向基准线上	0
G	↗	同F点	0.25
	↘	袋深档差	0.5
H	→	距离袋侧边线间距不变，且褶裥不变，所以同G点	0.25
	↓	同G点	0.5
I		在纵向基准线上	0
	↓	同G点	0.5

续表

结构点	方向	推板依据	档差
J	→	袋口宽度不变，同前片中的E点变化	0.3
		在横向基准线上	0
K	↗	同前裤片中挺缝与侧缝间的宽度档差	0.27
	↘	同前裤片中腰线与臀围线的间距档差	0.35
L	↗	同M点	0.27
	↘	袋深档差	0.5
M		距离袋侧边线间距不变，且褶裥不变	0
	↘	同L点	0.5
N		在纵向基准线上	0
	↓	同L点	0.5

另外，由于衬料样板与面料样板基本一致，所以其推板方法于面料样板相同，在此省略。

二、连腰翻边裤工业制板

表5-17是一款连腰翻边裤，款式特征为连腰设计，裤身直筒造型，脚口肥大且有翻边设计，前片有两个褶裥，后片有两个腰省，前开门绱门里襟拉链。

表5-17　连腰翻边裤款式与成衣规格表

款号		品名	连腰翻边裤	文件编号	

规格 部位	S	M	L	公差
	155/66	160/68	165/70	
裤长	110	113	116	±1
腰围	66	68	70	±1
臀围	100	102	104	±1
直裆	30.25	31	31.75	±0.5
脚口宽	27	28	29	±0.5
拉链	24.5	25	25.5	±0.5

制表/日期		执行/日期		批准/日期	

（一）基本纸样设计

连腰翻边裤的基本纸样设计如图5-26所示，主要制作步骤如下。

（1）完成裤子基本结构。

（2）加放各纸样的缝份。

（3）标示对位标记及文字标注。

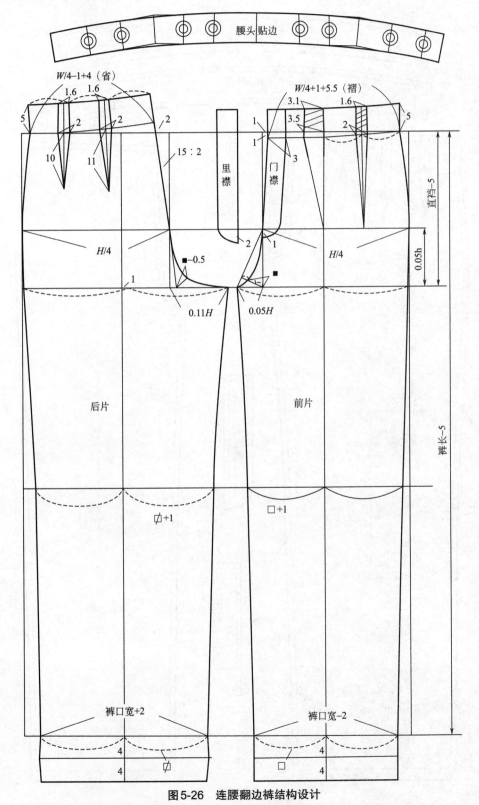

图5-26　连腰翻边裤结构设计

（二）毛板的制作

连腰翻边裤毛板的制作如图5-27所示，其主要制作步骤如下。

（1）拓下结构图。

（2）加放各纸样的缝份。

（3）标示对位标记及文字标注。

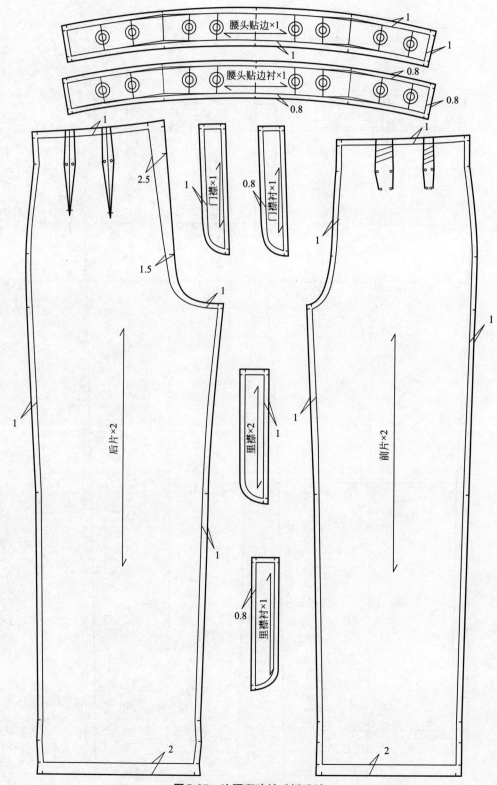

腰头贴边×1

腰头贴边衬×1

门襟×1

门襟衬×1

后片×2

里襟×2

里襟衬×1

前片×2

图5-27　连腰翻边裤毛板设计

（三）推板

1. 裤片推板

连腰翻边裤裤片推板如图5-28所示。

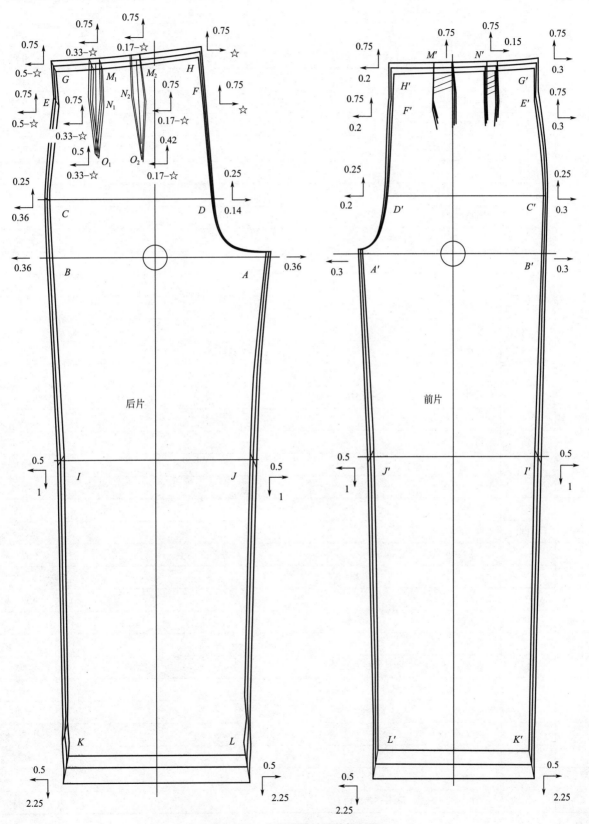

图5-28 连腰翻边裤裤片推板图

连腰翻边裤后片推板分析见表5-18。

表5-18 连腰翻边裤后片推板分析   单位：cm

结构点	方向	推板依据	档差
A	→	横档/2，即（0.11H+H/4）/2	0.36
		在横向基准线上	0
B	←	同A点	0.36
		同A点	0
C	←	同A点	0.36
	↑	0.05H	0.25
D	→	H档差/4−C点横向档差	0.14
	↑	同C点	0.25
E	←	W档差/4−F点横向档差	0.5−★
	↑	直档档差	0.75
F	→	保证后中困势不变，即后中斜线平行	★
	↑	同E点	0.75
G	←	同E点	0.5−★
	↑	连腰宽度不变，同E点	0.75
H	→	同F点	★
	↑	同G点	0.75
I	←	脚口宽档差/2	0.5
	↓	［裤长−（直档−0.5H）］/2−0.5H	1
J	→	同I点	0.5
	↓	同I点	1
K	←	同I点	0.5
	↓	裤长−直档	2.25
L	→	同I点	0.5
	↓	同K点	2.25
M_1	←	G点横向档差−W档差/4/3	0.33−★
	↑	同G点	0.75
N_1	←	同M_1点	0.33−★
	↑	同E点	0.75
O_1	←	同M_1点	0.33−★
	↑	直档档差（0.75）−省长档差（0.25）	0.5
M_2	←	G点横向档差−2W档差/4/3	0.17−★
	↑	同G点	0.75
N_2	←	同M_2点	0.17−★
	↑	同E点	0.75
O_2	←	同M_2点	0.17−★
	↑	直档档差（0.75）−省长档差（0.33）	0.42

连腰翻边裤前片推板分析见表5-19。

表5-19　连腰翻边裤前片推板分析　　　　　　　　　　　　　　　　　　单位：cm

结构点	方向	推板依据	档差
A'	←	横档/2，即（0.05H+H/4）/2	0.3
		在横向基准线上	0
B'	→	同A'点	0.3
		同A'点	0
C'	→	同B'点	0.3
	↑	0.05H	0.25
D'	←	H档差/4−C'点横向档差	0.2
	↑	同C'点	0.25
E'	→	W档差/4−F点横向档差	0.3
	↑	直档档差	0.75
F'	←	同D'点	0.2
	↑	同E'点	0.75
G'	→	同E'点	0.3
	↑	连腰宽度不变，同E'点	0.75
H'	←	同F'点	0.2
	↑	同G'点	0.75
I'	→	脚口宽档差/2	0.5
	↓	[裤长−（直档−0.5H）]/2−0.5H	1
J'	←	同I'点	0.5
	↓	同I'点	1
K'	→	同I'点	0.5
	↓	裤长−直档	2.25
L'	←	同I'点	0.5
	↓	同K'点	2.25
M'		省量大小不变	0
	↑	同G'点	0.75
N'	→	G'点横向档差/2	0.15
	↑	同G'点	0.75

2. 部件推板

由于宽度不变，前、后腰部贴边的推板仅做长度的变化，门、里襟同理（图5-29）。

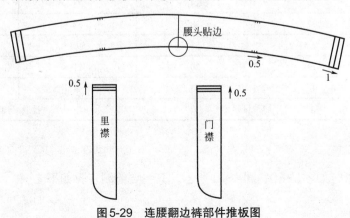

图5-29　连腰翻边裤部件推板图

另外，衬料样板的推板方法与相应面料样板的推板是相同的，在此省略。

第三节　女衬衫工业制板

表5-20是一款多腰省较合体女衬衫，款式特征为前身有左右各三个腰省直至底摆，且上面压明线产生精致的效果；门襟扣三颗一组，富有变化；后身是横向育克分割和纵向公主分割的结合；领子是典型衬衫企领；袖子是灯笼袖。

表5-20　多腰省女衬衫款式与成衣规格表

款号		品名	多腰省女衬衫	文件编号	

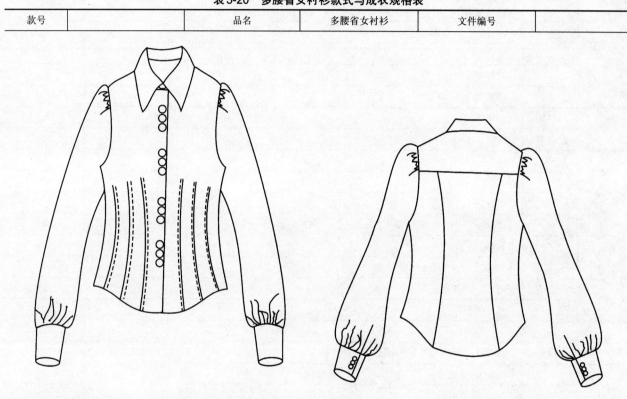

部位 ＼ 规格	S	M	L	公差
	155/80	160/84	165/88	
衣长	56.5	58.5	60.5	±1
胸围	86	90	94	±1
腰围	70	74	78	±1
肩宽	37	38	39	±0.5
袖长	56.5	58	59.5	±0.5
袖口围	19	20	21	±0.3
领围	42	43	44	±0.5
制表/日期		执行/日期		批准/日期	

（一）基本纸样的设计

多腰省女衬衫基本纸样如图5-30、图5-31所示，其主要绘制步骤如下。

（1）拓下原型。

（2）调整胸围松量。

（3）设计省、缝。

（4）修正领、肩、袖窿及底摆。

（5）设计扣位。

（6）根据袖窿弧线尺寸，设计合体一片袖，袖山部分切展塑造泡袖效果。

（7）完成一片式合体袖克夫。

（8）根据领口尺寸，完成分体企领的结构。

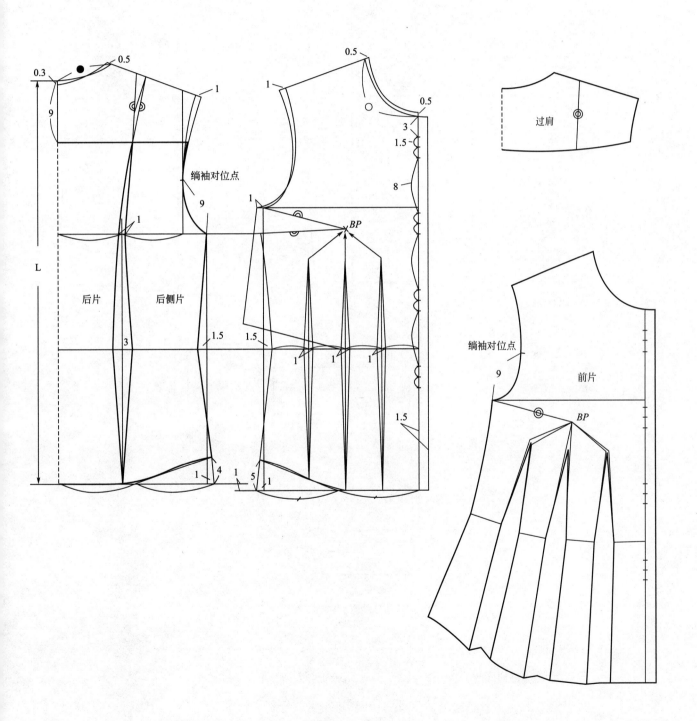

图5-30 多腰省女衬衫结构设计1

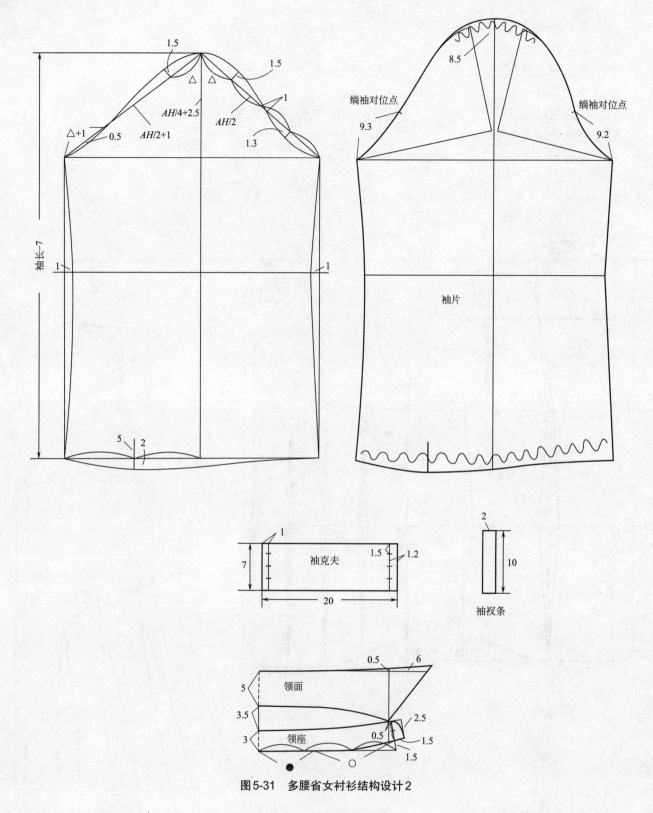

图5-31　多腰省女衬衫结构设计2

（二）毛板的制作

多腰省女衬衫毛板的制作见图5-32、图5-33，主要制作步骤如下。

（1）拓下结构图。

（2）加放各纸样的缝份。

（3）标示对位标记及文字标注。

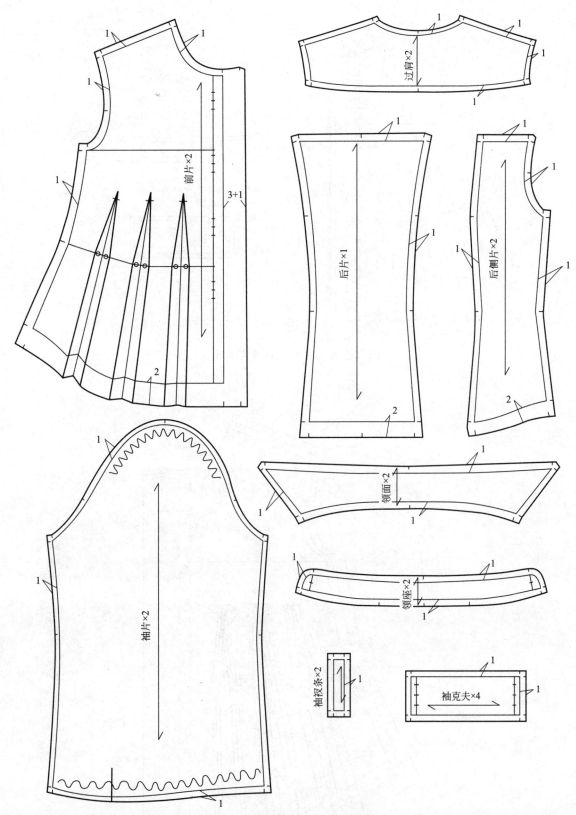

图5-32　多腰省女衬衫面料毛板设计

（三）推板

1. 前片推板

多腰省女衬衫前片推板如图5-34所示。

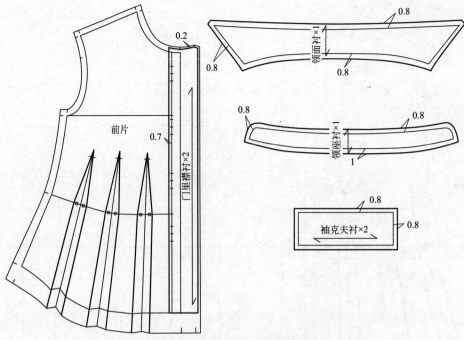

图5-33　多腰省女衬衫衬料毛板设计

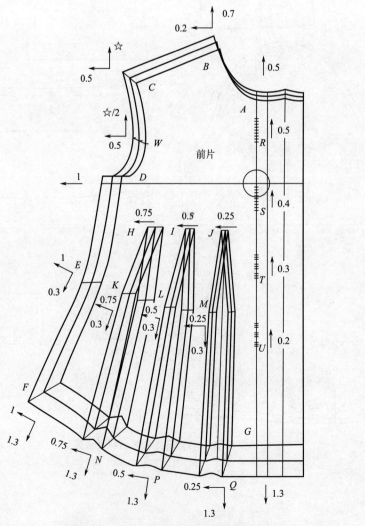

图5-34　多腰省女衬衫前片推板图

前片推板分析见表5-21。

表5-21 多腰省女衬衫前片推板分析 单位：cm

结构点	方向	推板依据	档差
A		在纵向基准线上	0
	↑	同原型的前颈点	0.5
B	←	同原型的侧颈点	0.2
	↑	同原型的侧颈点	0.7
C	←	肩宽/2，即肩宽档差（1）/2	0.5
	↑	保证肩斜度不变，即肩线平行	★
D	←	胸围/4，即胸围档差（4）/4	1
		在横向基准线上	0
E	↘	同D点	1
	↙	背长档差−0.7，即背长档差（1）−0.7	0.3
F	↘	同D点	1
	↙	衣长档差−0.7，即背长档差（2）−0.7	1.3
G		在纵向基准线上	0
	↓	同F点	1.3
H	↘	E点横向变化的3/4	0.75
		胸点距胸围线高度不变	0
I	↘	E点横向变化的1/2	0.5
		同H点	0
J	←	E点横向变化的1/4	0.25
		胸点距胸围线高度不变	0
K	↘	同H点	0.75
	↙	同E点	0.3
L	↘	同I点	0.5
	↙	同E点	0.3
M	←	同J点	0.25
	↓	同E点	0.3
N	↘	同H点	0.75
	↙	同F点	1.3
P	↘	同I点	0.5
	↙	同F点	1.3
Q	←	同J点	0.25
	↓	同F点	1.3
R	←	距前颈点间距不变，同A点变化	0.5
		在纵向基准线上	0
S	←	扣间距档差0.1，即距R点间距变化0.1	0.4
		同R点	0

结构点	方向	推板依据	档差
T	←	扣间距档差0.1，即距S点间距变化0.1	0.3
	↑	同R点	0
U	←	扣间距档差0.1，即距T点间距变化0.1	0.2
	↑	同R点	0
W	←	同C点的肩宽档差	0.5
	↑	约为C点纵向的1/2	★/2

2. 后片推板

多腰省女衬衫后片推板图如图5-35所示。

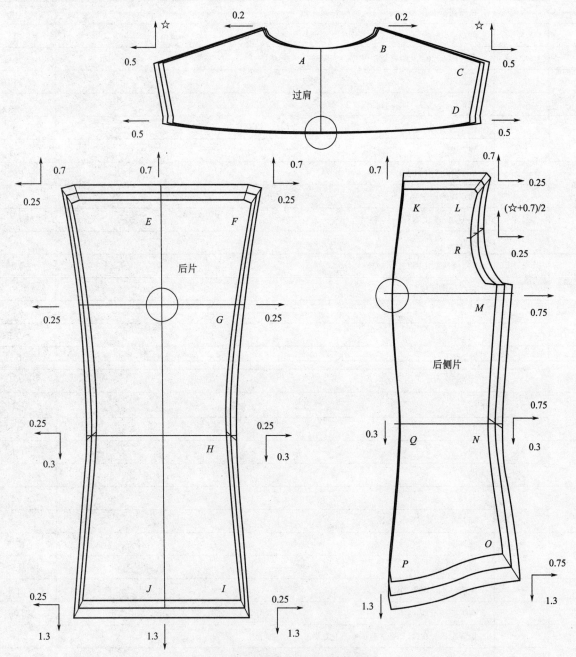

图5-35　多腰省女衬衫后片推板图

后片推板分析见表5-22。

表5-22　多腰省女衬衫后片推板分析　　　　　　　　　　　单位：cm

结构点	方向	推板依据	档差
A		在纵向基准线上	0
		过肩宽度不变	0
B	→	同原型的侧颈点	0.2
		后直开领档差为0	0
C	→	肩宽/2，即肩宽档差/2	0.5
	↑	保证肩斜度不变，即肩线平行	★
D	→	肩冲不变，同C点	0.5
		在横向基准线上	0
E		在纵向基准线上	0
	↑	过肩宽度档差为0，因此同原型的后颈点变化	0.7
F	→	D点变化量/2，即0.5/2	0.25
	↑	同E点	0.7
G	→	同F点	0.25
		在横向基准线上	0
H	→	同F点	0.25
	↓	背长档差−0.7，即背长档差−0.7	0.3
I	→	同F点	0.25
	↓	衣长档差−0.7，即衣长档差−0.7	1.3
J		在纵向基准线上	0
	↓	同I点	1.3
K		在纵向基准线上	0
	↑	同E点	0.7
L	→	D点变化量/2，即0.5/2	0.25
	↑	同E点	0.7
M	→	胸围变化量/4−G点横向变化量	0.75
		在横向基准线上	0
N	→	同M点	0.75
	↓	同H点	0.3
O	→	同N点	0.75
	↓	同J点	1.3
P		在纵向基准线上	0
	↓	同O点	1.3
Q		在纵向基准线上	0
	↓	同N点	0.3
R	→	同L点	0.25
	↑	约为后肩点至胸围线深度的1/2	（★+0.7）/2

3. 部件推板

多腰省女衬衫部件推板图如图5-36所示。

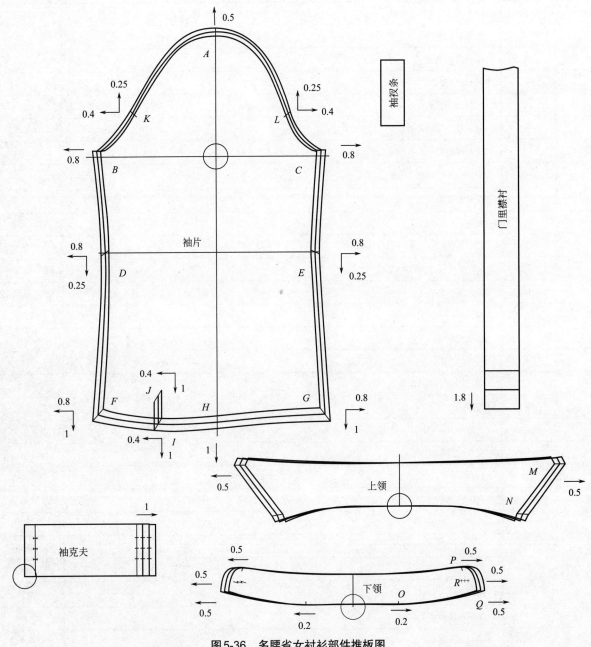

图5-36　多腰省女衬衫部件推板图

多腰省女衬衫部件推板分析见表5-23。

表5-23　多腰省女衬衫部件推板分析　　　　　　　　　　　　　　　　单位：cm

结构点	方向	推板依据	档差
A		在纵向基准线上	0
	↑	袖窿弧线档差/4，袖窿弧线长约为0.45～0.5倍的胸围	0.5
B	←	袖肥档差约为胸围档差/5，即4/5	0.8
		在横向基准线上	0
C	→	同B点	0.8
		同B点	0

续表

结构点	方向	推板依据	档差
D	←	同 B 点	0.8
	↓	袖长档差/2-袖山档差，即1.5/2-0.5	0.25
E	→	同 C 点	0.8
	↓	同 D 点	0.25
F	←	同 B 点	0.8
	↓	袖长档差-袖山档差，即1.5-0.5	1
G	→	同 E 点	0.8
	↓	同 F 点	1
H		在纵向基准线上	0
	↓	同 F 点	
I	←	F 点横向变化量/2	0.4
	↓	同 F 点	1
J	←	同 I 点	0.4
	↓	袖长长度不变，即同 I 点	1
K	←	B 点横向变化量/2	0.4
	↑	A 点纵向变化量/2	0.25
L	→	同 K 点	0.4
	↑	同 K 点	0.25
M	→	领围档差/2，即1/2	0.5
		上领宽度不变	0
N	→	同 M 点	0.5
		在横向基准线上	0
P	→	领围档差/2，即1/2	0.5
		下领宽度不变	0
Q	→	同 P 点	0.5
		在横向基准线上	0
O	→	同后领变化	0.2
		在横向基准线上	0
R	→	同 P 点	0.5
		在横向基准线上	0

另外，袖克夫的宽度不变，所以推板时只在长度上依据袖口档差做变化。门里襟衬的推板也类似，依据面料样板相应位置的变化方法只做长度变化。袖衩条不仅是宽度不变，而且由于袖衩的长度不变，因此，袖衩条不需推板。

第四节 女时装上衣工业制板

表5-24是一圆驳头小西装，款式特征为典型的四开身结构，大身口袋采用贴袋的形式，领子、驳头及门襟底摆用大的圆弧，协调而大方，袖子为典型的西装合体两片袖。

表5-24　圆驳头小西装款式与成衣规格表

款号		品名	圆驳头小西装	文件编号	

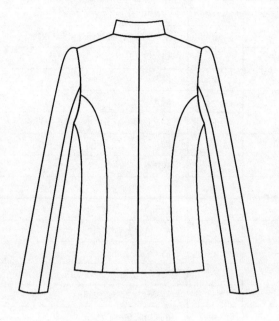

规格 部位	S 155/80	M 160/84	L 165/88	公差
衣长	54	56	58	±1
胸围	90	94	98	±1
腰围	70	74	78	±1
肩宽	36.8	38	39.2	±0.5
袖长	54.5	56	57.5	±0.5
袖口围	23	24	25	±0.3
制表/日期		执行/日期		批准/日期	

（一）基本纸样的设计

圆驳头小西装基本纸样的设计如图5-37所示，其主要绘制步骤如下。

（1）拓下原型。

（2）设计省、缝。

（3）修正领、肩、袖窿及底摆。

（4）设计贴袋。

（5）根据款式造型特征，完成翻驳领设计。

（6）设计合体两片袖。

（二）毛板的制作

1. 面料毛板

圆驳头小西装衣身与部件的毛板制作如图5-38、图5-39所示，衣身毛板的主要制作步骤如下。

（1）拓下结构图。

（2）加放各纸样的缝份。

（3）标示对位标记及文字标注。

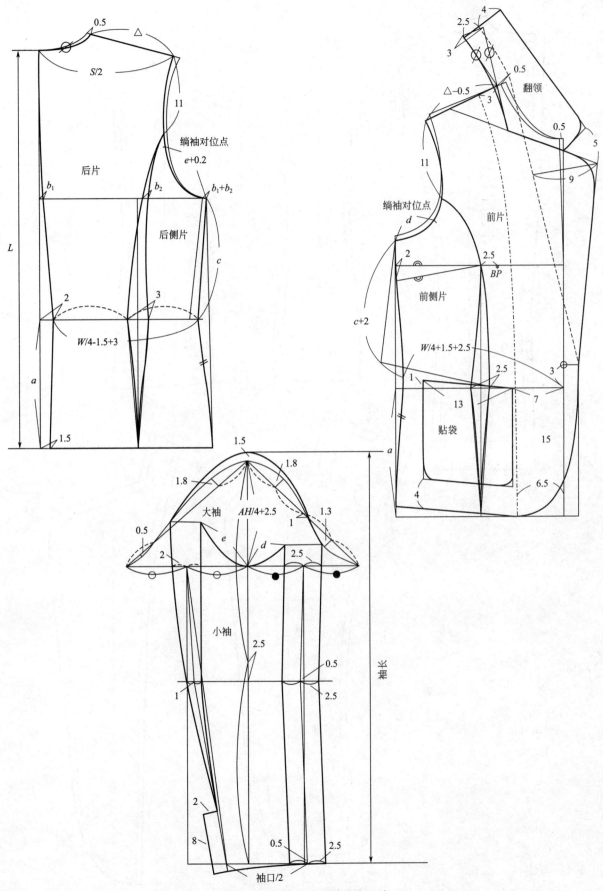

图5-37　圆驳头小西装结构设计

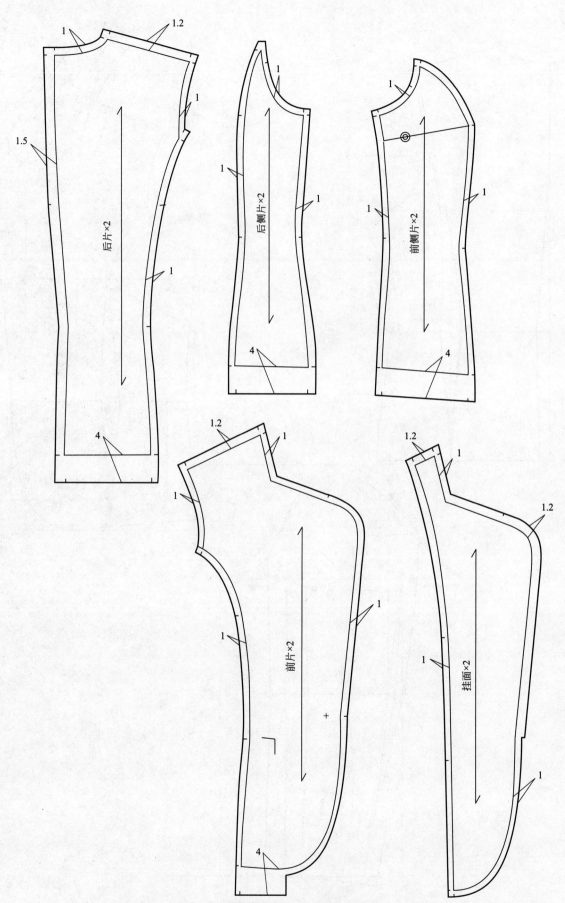

图5-38　圆驳头小西装衣身面料毛板设计

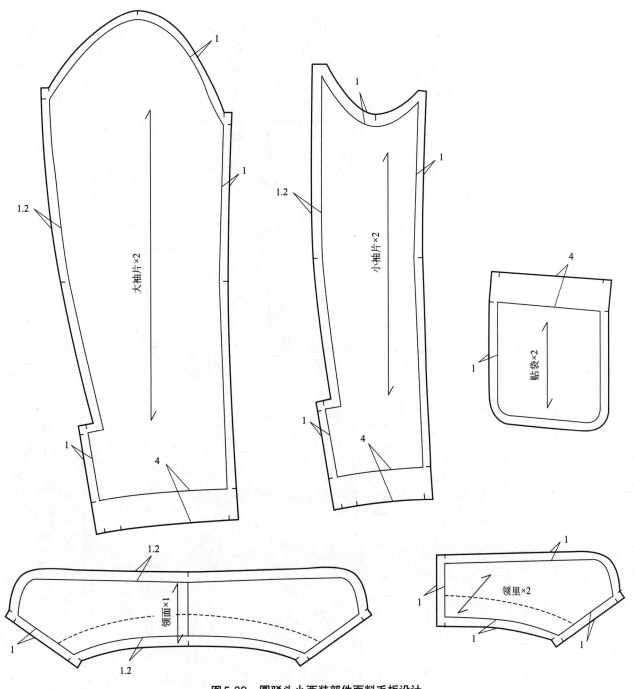

图5-39　圆驳头小西装部件面料毛板设计

2. 里子毛板

圆驳头小西装里子毛板如图5-40所示，其主要制作步骤如下。

（1）拓下结构图。前、后片做合缝为省的简化设计，袖片里子不开衩。

（2）加放各纸样的缝份。

（3）标示对位标记及文字标注。

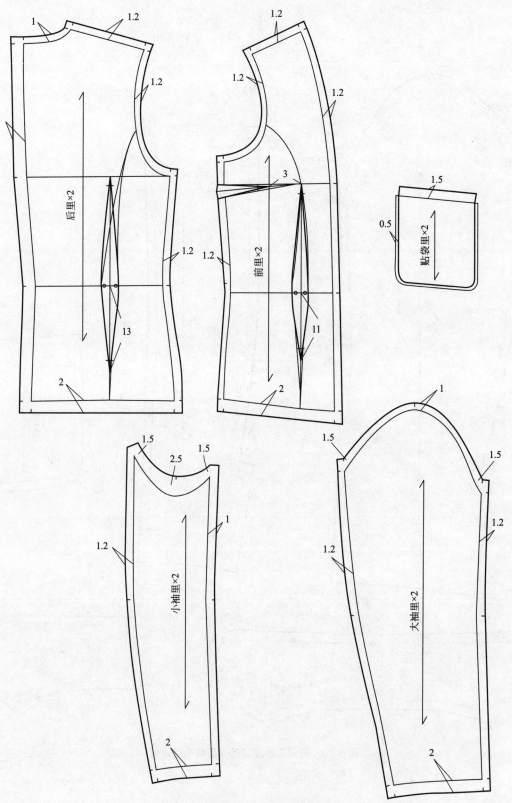

图5-40　圆驳头小西装里子毛板设计

3. 衬料毛板

衬料毛板是在面料毛板的基础上，进行适当调整而得到的。衬料样板要比面料样板稍小，一般情况下每条缝分别小0.2～0.3cm，这样便于粘衬。

衣身衬料样板如图5-41所示。

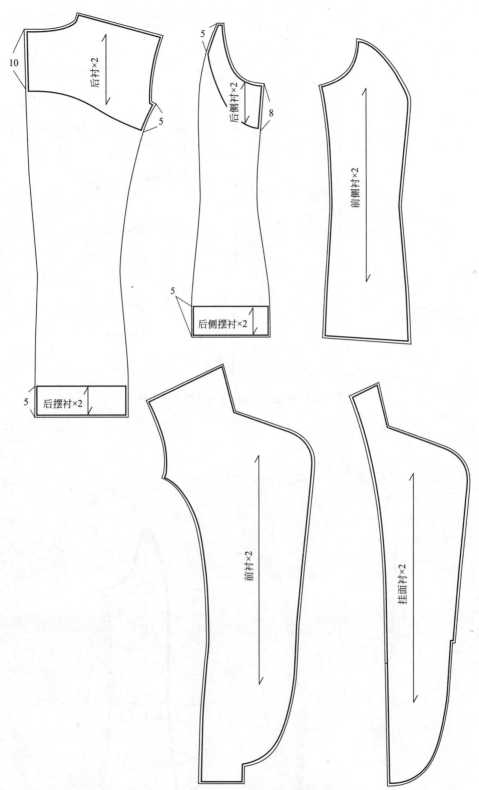

图5-41　圆驳头小西装衣身衬料毛板设计

部件衬料样板如图5-42所示。

（三）推板

1. 后片推板

圆驳头小西装后片推板图如图5-43所示。

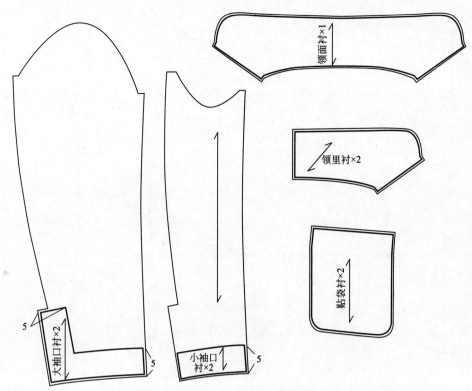

图 5-42　圆驳头小西装部件衬料毛板设计

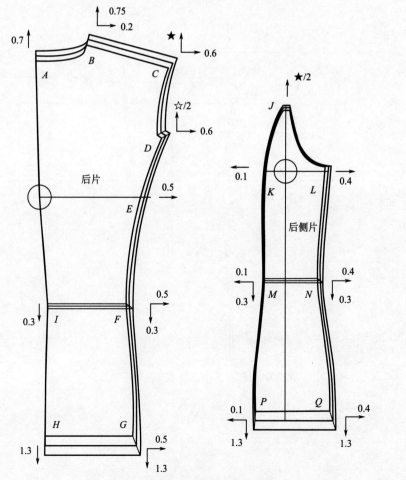

图 5-43　圆驳头小西装后片推板图

后片推板分析见表5-25。

表5-25　圆驳头小西装后片推板分析　　　　　　　　　　　　单位：cm

结构点	方向	推板依据	档差
A		在纵向基准线上	0
	↑	同原型的后颈点	0.7
B	→	同原型的侧颈点	0.2
	↑	同原型的侧颈点	0.75
C	→	肩宽/2，即1.2/2	0.6
	↑	保证肩斜度不变，即肩线平行	★
D	→	背宽档差	0.6
	↑	C点档差/2	★/2
E	→	同F点	0.5
		在横向基准线上	0
F	→	W档差/4/2	0.5
	↓	背长档差（1）−A点档差	0.3
G	→	同F点	0.5
	↓	衣长档差（2）−A点档差	1.3
H		在纵向基准线上	0
	↓	同G点	1.3
I		在纵向基准线上	0
	↓	同F点	0.3
J		在纵向基准线上	0
	↑	同D点	★/2
K	←	背宽档差（0.6）−E点档差	0.1
		在横向基准线上	0
L	→	胸围档差/4−背宽档差	0.4
		在横向基准线上	0
M	←	同K点	0.1
	↓	同F点	0.3
N	→	同L点	0.4
	↓	同M点	0.3
P	←	同M点	0.1
	↓	同G点	1.3
Q	→	同N点	0.4
	↓	同P点	1.3

2. 前片推板
圆驳头小西装前片推板如图5-44所示

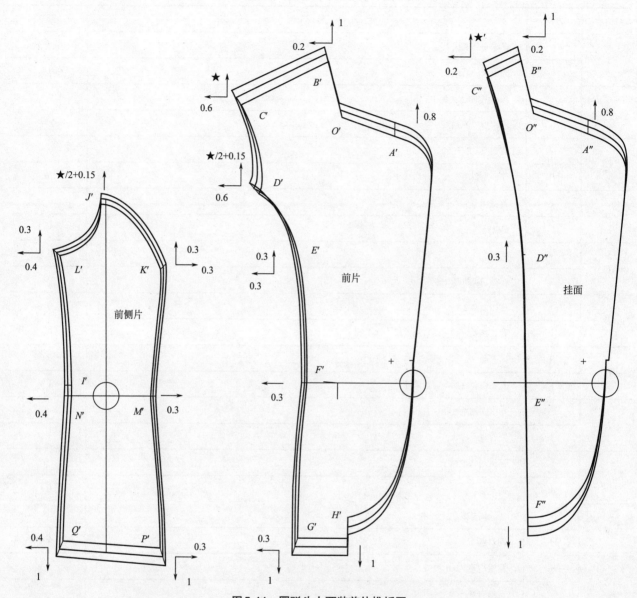

图5-44 圆驳头小西装前片推板图

前片推板分析见表5-26。其中 O′ 与 O″ 的推板依据驳口线、串口线保形而定。

表5-26 圆驳头小西装前片推板分析

单位：cm

结构点	方向	推板依据	档差
A′		驳领宽度不变	0
	↑	B′点档差−开领深度档差（0.2）	0.8
B′	←	同原型的侧颈点	0.2
	↑	同原型的侧颈点	1
C′	←	肩宽/2，即肩宽档差（1.2）/2	0.6
	↑	保证肩斜度不变，即肩线平行	★′
D′	←	胸宽档差	0.6
	↑	C′点档差−（C′点档差−L′点档差）/2	★′/2+0.15

续表

结构点	方向	推板依据	档差
E'	←	胸宽档差/2	0.3
	↑	同L'点	0.3
F'	←	同E'点	0.3
		在横向基准线上	0
G'	←	同F'点	0.3
	↓	衣长档差（2）−B'点档差	1
H'		在纵向基准线上	0
	↓	同G'点	1
J'		在纵向基准线上	0
	↑	同D'点	★'/2+0.15
K'	→	胸宽档差（0.6）−E'点档差	0.3
	↑	同E'点	0.3
L'	←	胸围档差/4−胸宽档差	0.4
	↑	同原型的腋下点变化	0.3
M'	→	同K'点	0.3
		在横向基准线上	0
N'	←	同L'点	0.4
		在横向基准线上	0
P'	→	同M'点	0.3
	↓	同G'点	1
Q'	←	同N'点	0.4
	↓	同P'点	1
I'	←	同N'点	0.4
		同N'点	0
A"		同A'点	0
	↑	同A'点	0.8
B"	←	同B'点	0.2
	↑	同B'点	1
C"	←	挂面上宽不变，同B"点	0.6
	↑	保证肩斜度不变，即肩线平行	★"
D"		挂面宽度不变	0
	↑	同E'点	0.3
E"		挂面宽度不变	0
		在横向基准线上	0
F"		挂面宽度不变	0
	↓	同H'点	1

3. 袖片推板

圆驳头小西装袖片推板如图5-45所示。

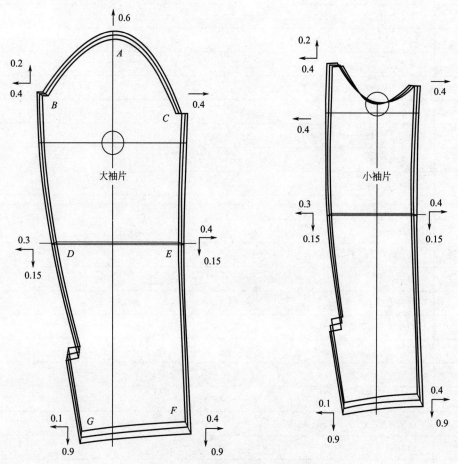

图5-45　圆驳头小西装袖片推板图

大袖片推板分析见表5-27。

表5-27　圆驳头小西装袖片推板分析　　　　　　　　　　　单位：cm

结构点	方向	推板依据	档差
A		在纵向基准线上	0
	↑	袖隆弧线档差/4，且袖子较贴体，推板值略偏大	0.6
B	←	袖肥档差/2	0.4
	↑	袖山高档差/3	0.2
C	→	同B点	0.4
		靠近落山线，高度相对稳定，档差取0	0
D	←	B点档差−0.1	0.3
	↓	袖长档差/2−袖山档差，即1.5/2−0.6	0.15
E	→	同C点	0.4
	↓	同D点	0.15
F	→	同E点	0.4
	↓	袖长档差−袖山档差，即1.5−0.6	0.9
G	←	袖口档差（1）/2−F点档差	0.1
	↓	同F点	0.9

4. 领、袋的推板

依据衣身推板的结果可知，后领口弧线和前领口竖线的档差共约0.5cm，故领子的推板方法为下领围取档差0.5cm（图5-46）。

口袋的宽度、长度档差分别取0.5cm，依此推板即可。

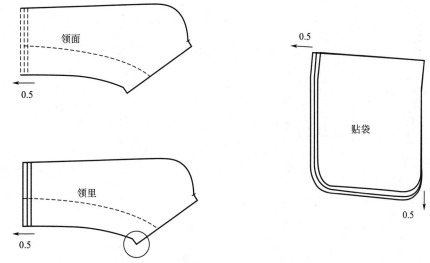

图5-46　圆驳头小西装领、袋推板图

5. 里子推板

圆驳头小西装里子推板如图5-47、图5-48所示。

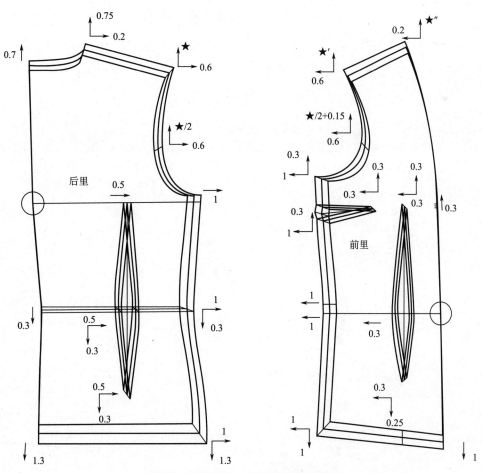

图5-47　圆驳头小西装衣身里子推板图

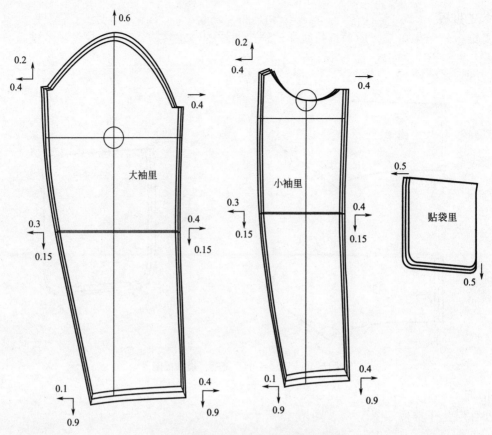

图5-48　圆驳头小西装部件里子推板图

里子的推板方法与面布基本相同。其中，需注意的是衣身里子的推板。虽然衣身的里子与面结构有所变化，采用了合缝为省的简化设计，不过各结构部位推板变化的规律是相同的。所以衣身里子的推板只要将面的相应结构综合一下即可。

6. 衬料推板

前片、前侧片以及挂面的衬料与面料样板基本相同，所以推板方法也相同，在此省略（图5-49）。除此以外其他衬料的推板相同点是衬料宽度不变，比如后摆、后侧摆及袖口处的衬料只需按相应部位的围度尺寸做变化，而后片、后侧片的衬料相对复杂，但基本结构取自面料样板，所以推板方法同相应面料样板的相应位置。

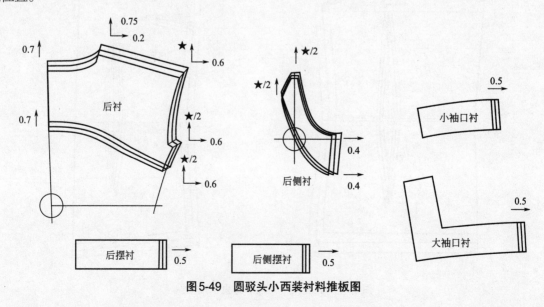

图5-49　圆驳头小西装衬料推板图

第五节　女大衣工业制板

表5-28是一款较合体裙摆式中长款女大衣，款式特征为前身弧线分割线至袋口，袋口加入碎褶；后身背部横向分割，分割线下纵向缝，顺势加大摆量，后中缝腰部以下加入褶裥；衣袖为七分合体袖，肘下分割拼接，拼接片及袖山处加入褶裥；衣身下摆呈大摆裙式造型。

表5-28　裙摆式女大衣款式与成衣规格表

款号		品名	裙摆式女大衣	文件编号	

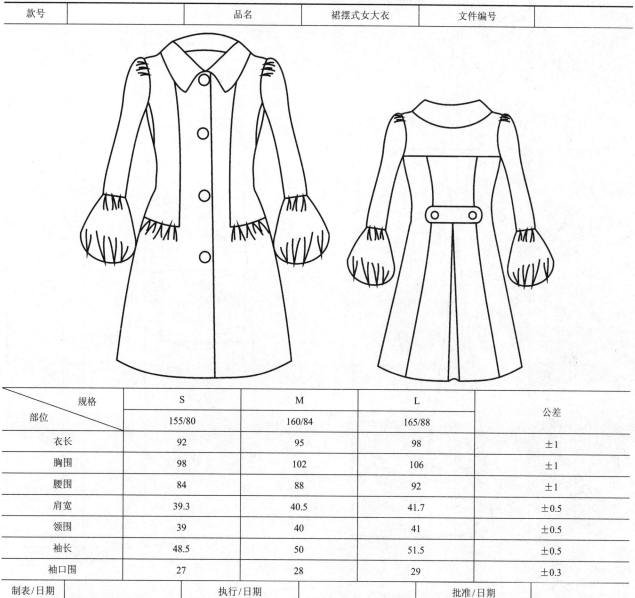

部位 \ 规格	S	M	L	公差
	155/80	160/84	165/88	
衣长	92	95	98	±1
胸围	98	102	106	±1
腰围	84	88	92	±1
肩宽	39.3	40.5	41.7	±0.5
领围	39	40	41	±0.5
袖长	48.5	50	51.5	±0.5
袖口围	27	28	29	±0.3
制表/日期		执行/日期		批准/日期	

（一）基本纸样的设计

裙摆式女大衣结构纸样设计如图5-50、图5-51所示，其主要步骤如下。
（1）采用比例制图法完成大衣的基本结构。
（2）合并前腋下省、前下摆切展量，完成前片结构。
（3）切展袖山与袖下片，完成袖片结构。

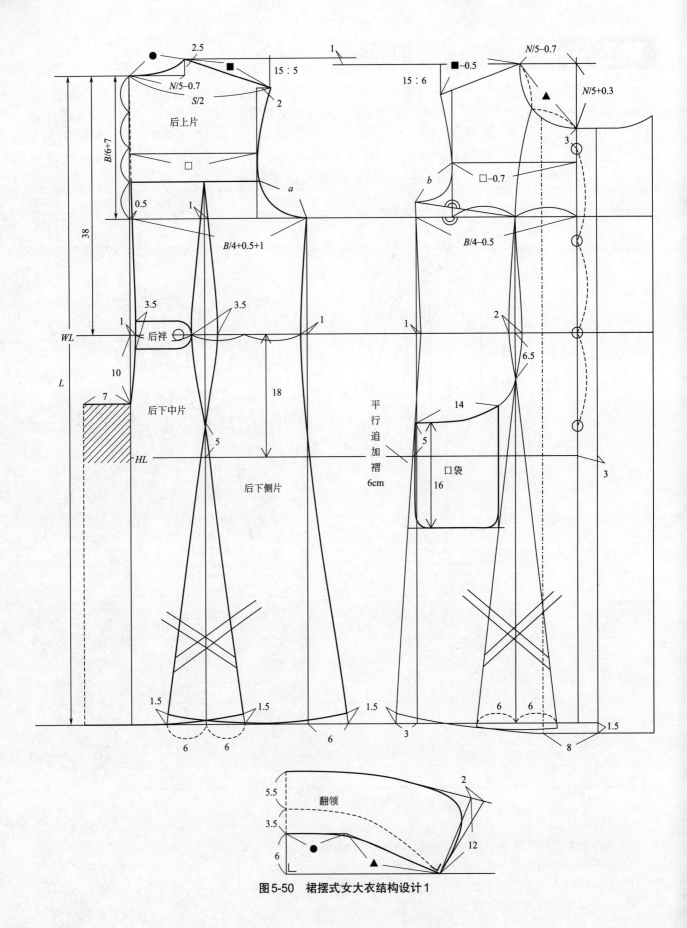

图5-50 裙摆式女大衣结构设计1

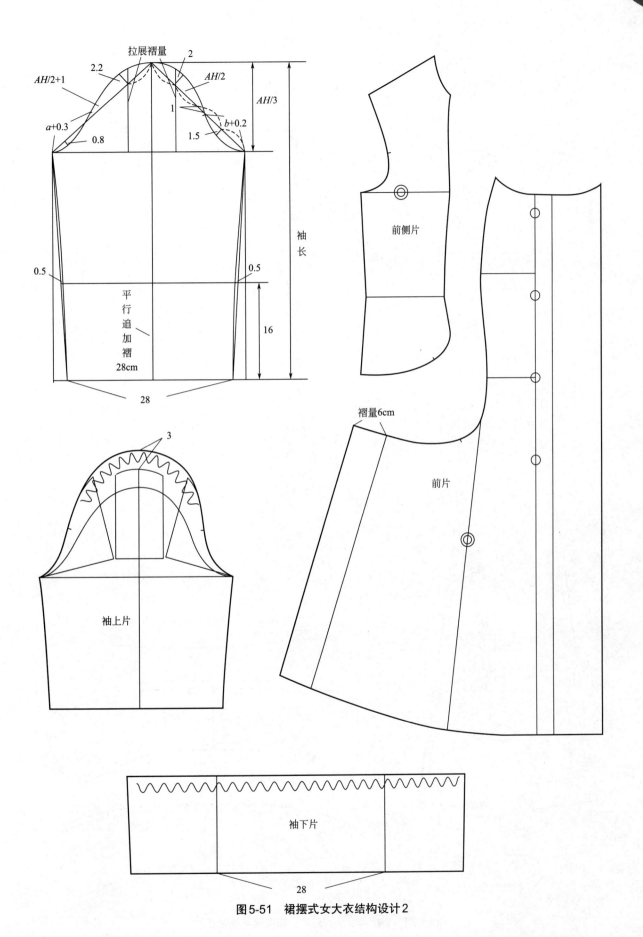

图5-51 裙摆式女大衣结构设计2

（二）毛板的制作

1. 面料毛板

裙摆式女大衣后片及领部的毛板如图5-52所示，其主要制作步骤如下。

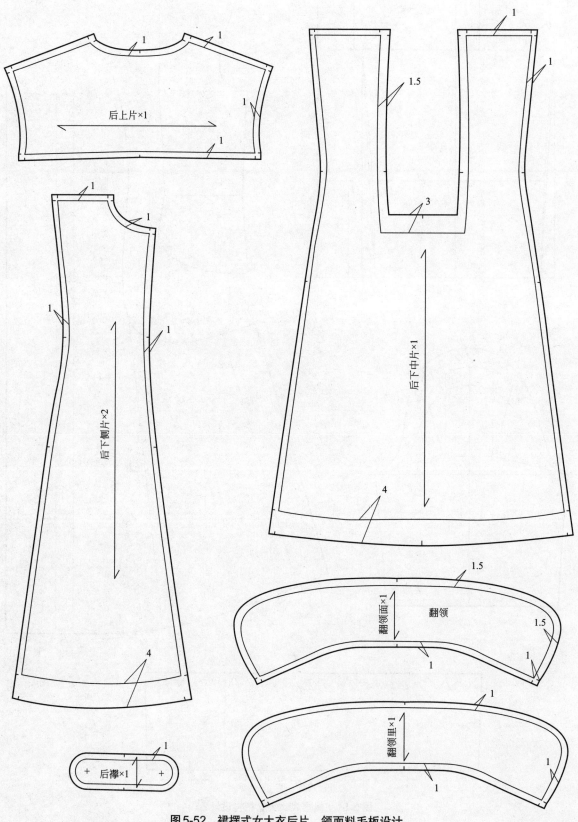

图5-52　裙摆式女大衣后片、领面料毛板设计

（1）拓下结构图。

（2）加放各纸样的缝份。

（3）标示对位标记及文字标注。

前片及袖部的毛板如图5-53所示。

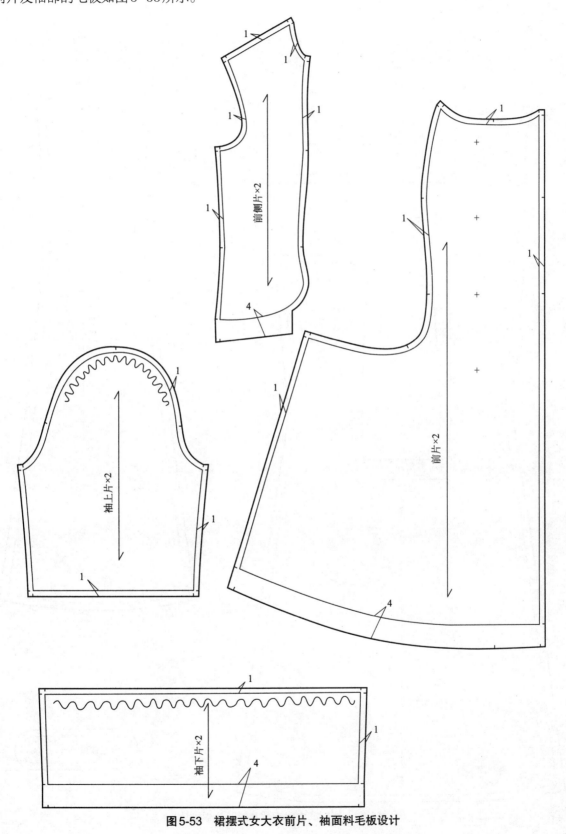

图5-53　裙摆式女大衣前片、袖面料毛板设计

2. 里子毛板

裙摆式女大衣里子毛板设计见图5-54、图5-55，主要绘制步骤如下。

（1）拓下结构图。

（2）加放各纸样的缝份。

（3）标示对位标记及文字标注。

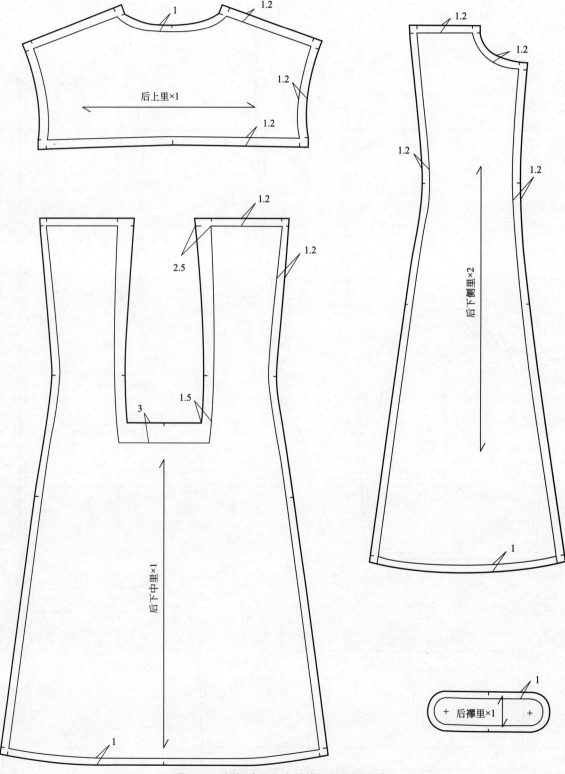

后上里×1

后下侧里×2

后下中里×1

2.5

1.5

3

后襟里×1

图5-54　裙摆式女大衣后片里子毛板设计

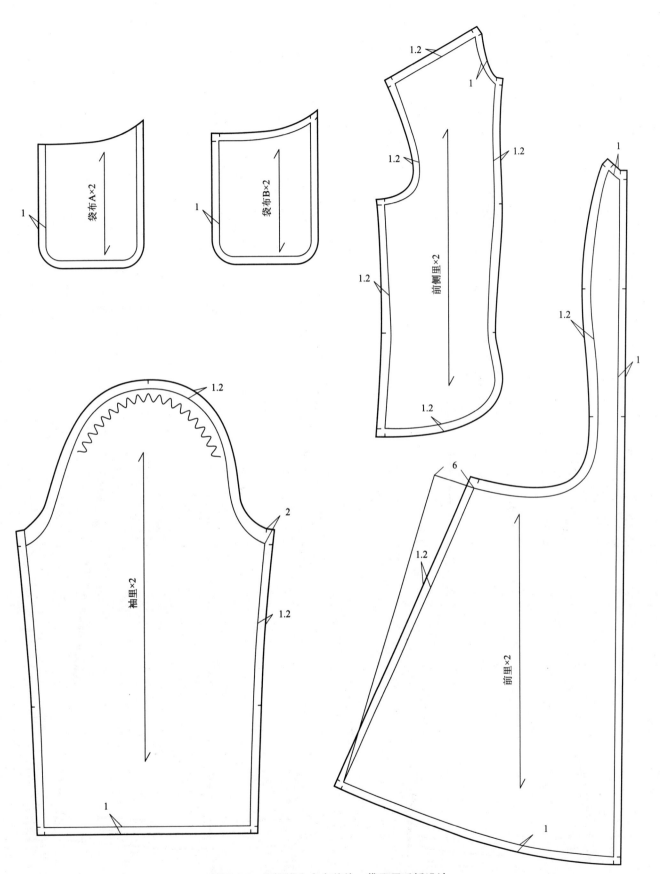

图5-55 裙摆式女大衣前片、袋里子毛板设计

（三）推板

1. 后片推板

裙摆式女大衣后片推板如图5-56所示。

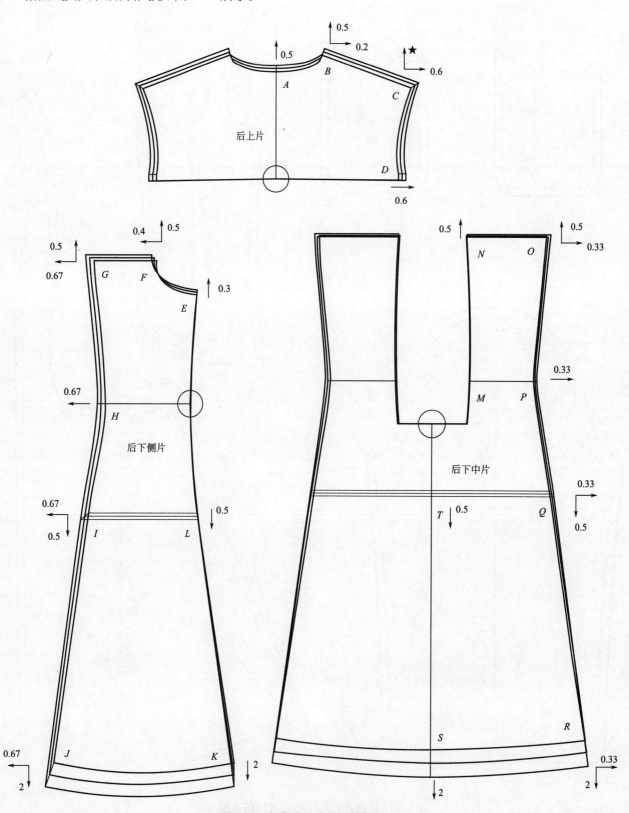

图5-56　裙摆式女大衣后片推板图

后片推板分析见表5-29。

表5-29　裙摆式女大衣后片推板分析　　　　　　　单位：cm

结构点	方向	推板依据	档差
A		在纵向基准线上	0
	↑	胸围档差/6的3/4	0.5
B	→	领围档差/5	0.2
	↑	同A点	0.5
C	→	肩宽档差/2	0.6
	↑	保证肩斜度不变，即肩线平行	★
D	→	背宽档差	0.6
		在横向基准线上	0
E		在纵向基准线上	0
	↑	背长档差−胸围档差/6	0.3
F	←	胸围档差/4−背宽档差	0.4
	↑	背长档差−A点纵向档差	0.5
G	←	腰围档差/4的2/3	0.67
	↑	同F点	0.5
H	←	同G点	0.67
		在横向基准线上	0
I	←	同G点	0.67
	↓	臀高档差	0.5
J	←	同G点	0.67
	↓	衣长档差（3）−背长档差（1）	2
K		在纵向基准线上	0
	↓	同J点	2
L		在纵向基准线上	0
	↓	同I点	0.5
M		褶量大小不变	0
		褶的位置不变	0
N		同M点	0
	↑	同F点	0.5
O	→	腰围档差/4的1/3	0.33
	↑	同F点	0.5
P	→	同O点	0.33
		同M点	0
Q	→	同O点	0.33
	↓	同I点	0.5
R	→	同O点	0.33
	↓	同J点	2
S		在纵向基准线上	0
	↓	同J点	2
T		在纵向基准线上	0
	↓	同I点	0.5

2. 前片推板

裙摆式女大衣前片推板如图5-57所示。

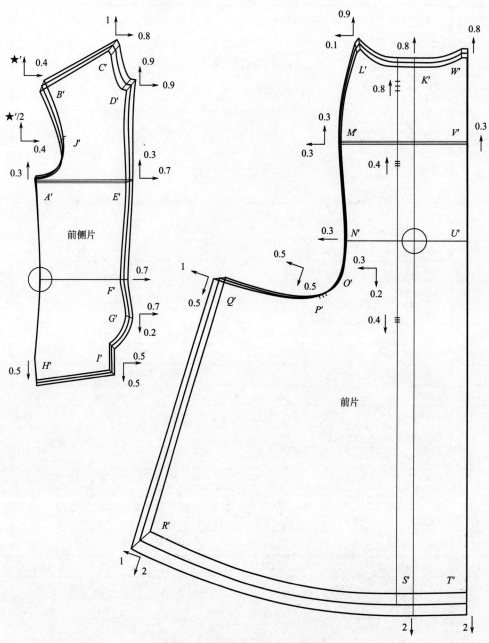

图5-57　裙摆式女大衣前片推板图

前片推板分析见表5-30。

表5-30　裙摆式女大衣前片推板分析　　　　　　　　　　　　　　　　　　单位：cm

结构点	方向	推板依据	档差
A'		在纵向基准线上	0
	↑	背长档差−胸围档差/6	0.3
B'	→	胸围档差/4−肩宽档差/2	0.4
	↑	保证肩斜度不变，即肩线平行	★′
C'	→	胸围档差/4−领围档差/5	0.8
	↑	背长档差	1

续表

结构点	方向	推板依据	档差
D'	→	C'点横向档差＋领围档差/5/2	0.9
	↑	C'点纵向档差－领围档差/5/2	0.9
E'	→	胸围档差/4－胸宽档差/2	0.7
	↑	同A'点	0.3
F'	→	同E'点	0.7
		在横向基准线上	0
G'	→	同E'点	0.7
	↓	前腰省长档差	0.2
H'		在纵向基准线上	0
	↓	臀高档差	0.5
I'	→	袋口档差0.5	0.5
	↓	同H'点	0.5
J'	→	同B'点	0.4
	↑	约为B'点纵向档差的1/2	★'/2
K'		在纵向基准线上	0
	↑	背长档差－领围档差/5	0.8
L'	←	领围档差/5/2	0.1
	↑	同D'点	0.9
M'	←	胸宽档差/2	0.3
	↑	同E'点	0.3
N'	←	同M'点	0.3
		在横向基准线上	0
O'	←	同N'点	0.3
	↓	同G'点	0.2
P'	↘	W档差/4－袋口档差	0.5
	↙	同Q'点	0.5
Q'	↘	同W档差/4	1
	↙	同H'点	0.5
R'	↘	同Q'点	1
	↙	衣长档差（3）－背长档差（1）	2
S'		在纵向基准线上	0
	↓	同R'点	2
T'		搭门量不变	0
	↓	同S'点	2
U'		同T'点	0
		在横向基准线上	0
V'		同U'点	0
	↑	同M'点	0.3
W'		同V'点	0
	↑	同K'点	0.8

3. 部件推板
裙摆式女大衣部件推板图如图5-58所示。

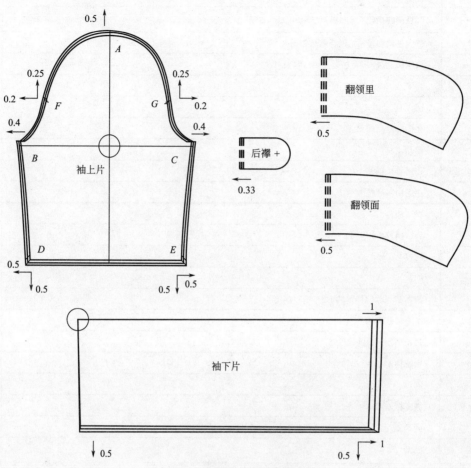

图5-58　裙摆式女大衣部件推板图

袖片推板分析见表5-31。

表5-31　裙摆式女大衣袖片推板分析

单位：cm

结构点	方向	推板依据	档差
A		在纵向基准线上	0
	↑	袖窿弧线档差/4	0.5
B	←	袖肥档差/2	0.4
		在横向基准线上	0
C	→	同B点	0.4
		同B点	0
D	←	袖口围档差/2	0.5
	↓	（袖长档差－袖山档差）/2	0.5
E	→	同D点	0.5
	↓	同D点	0.5
F	←	B点档差/2	0.2
	↑	A点档差/2	0.25
G	→	C点档差/2	0.2
	↑	A点档差/2	0.25

领围取档差0.5cm，后襟档差0.33cm，依此推板。而袖下片除了围度上依据袖口档差变化外，长度上也有"袖长档差－袖上片长度档差"的变化。

4. 里子推板

里子的推板方法与面布基本相同，如图5-59、图5-60所示。

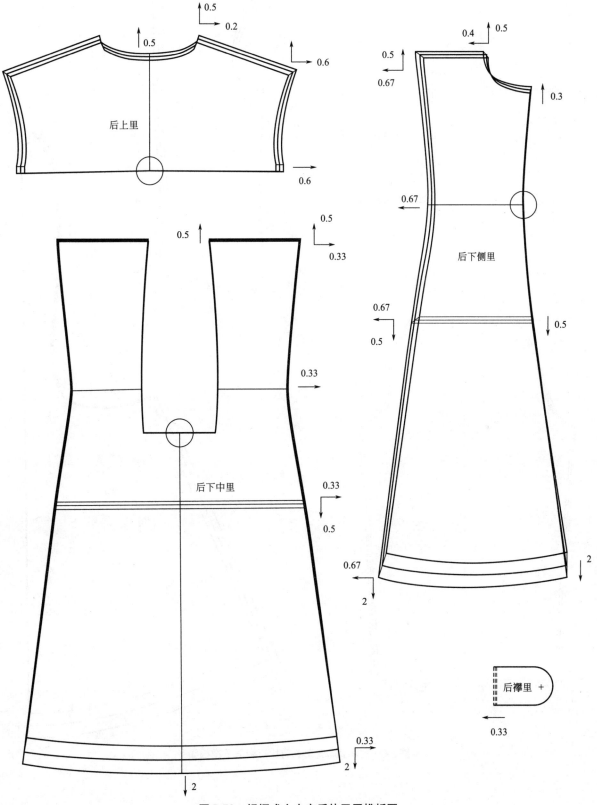

图5-59 裙摆式女大衣后片里子推板图

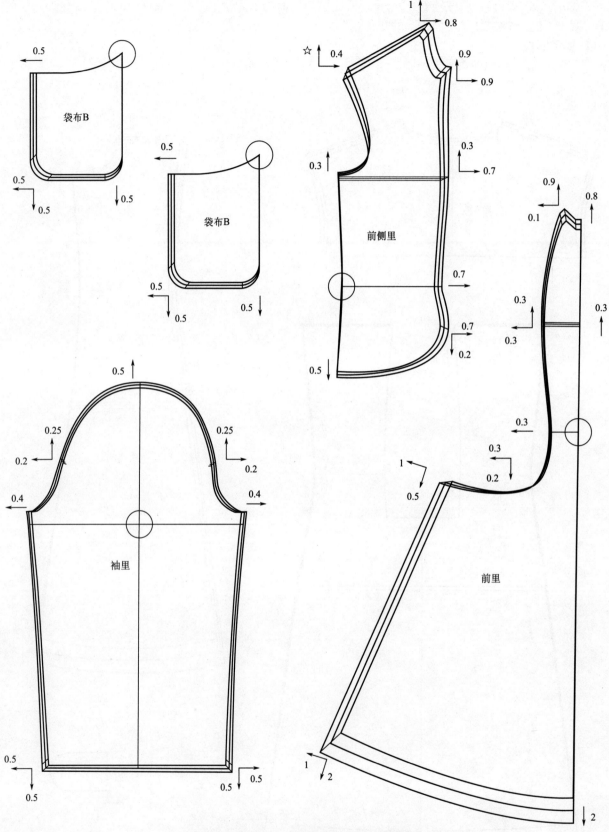

图5-60　裙摆式女大衣前片、袋里子推板图

第六章

男装工业制板实例

第一节 男西裤工业制板

　　表6-1是一款典型男式西裤，款式特征为装腰，前开门绱门里襟拉链，前片左右各有褶一个，后片左右各收省两个，前片设有斜插袋，后片设有双嵌线的挖袋。

表6-1　男西裤款式与成衣规格表

| 款号 | | 品名 | 男西裤 | 文件编号 | |

部位 \ 规格	S	M	L	公差
	165/72	170/74	175/76	
裤长	99	102	105	±1
腰围	74	76	78	±1
臀围	98	100	102	±1
直裆	28.25	29	29.75	±0.5
脚口宽	21	22	23	±0.5
拉链	17.2	18	18.8	±0.5

| 制表/日期 | | 执行/日期 | | 批准/日期 | |

（一）基本纸样的设计

男西裤结构制图的基本纸样如图6-1所示，其主要步骤如下。

（1）完成裤子基本结构。

（2）加放各纸样的缝份。

（3）标示对位标记及文字标注。

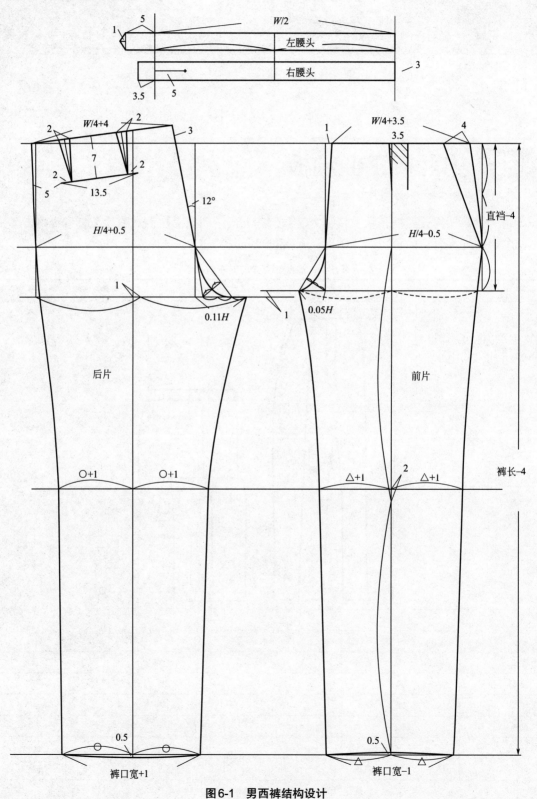

图6-1　男西裤结构设计

（二）毛板的制作

男西裤裤片毛板的制作如图6-2所示，其主要步骤如下。

（1）拓下结构图。

（2）加放各纸样的缝份。

（3）标示对位标记及文字标注。

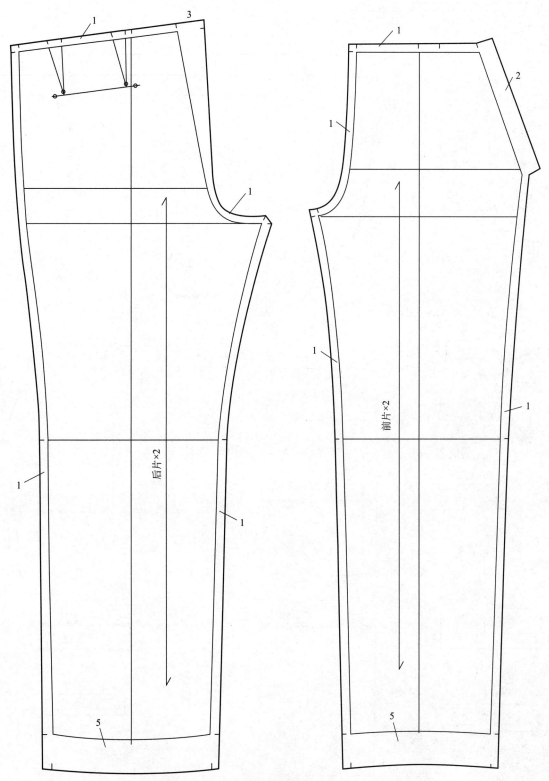

图6-2　男西裤裤片毛板设计

男西裤部件及衬料毛板如图6-3所示。

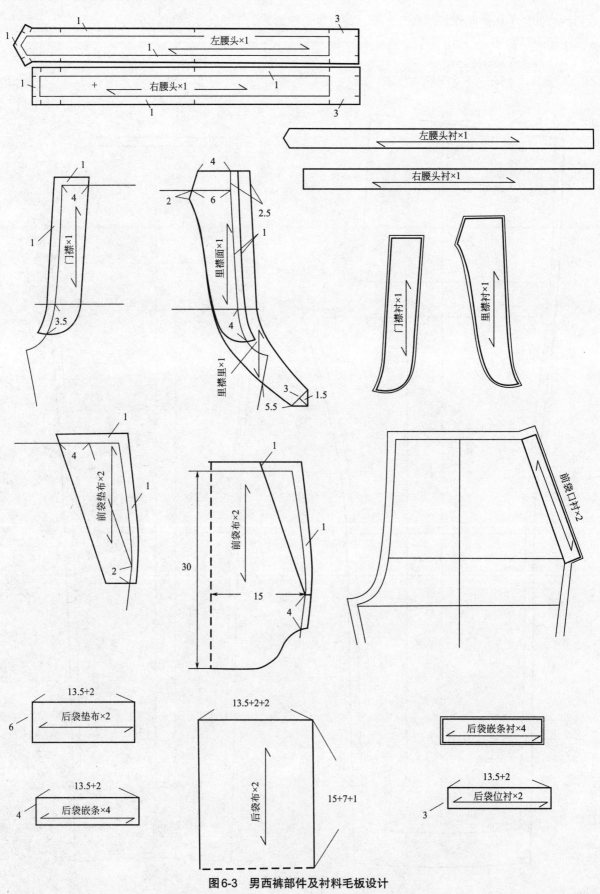

图6-3　男西裤部件及衬料毛板设计

在衬料样板中，腰头衬采用的是净板，门里襟衬及后袋嵌条衬采用的是比面料样板略小0.2～0.3cm的毛板。此外，在前、后裤片袋位处需粘衬，以增强袋口稳定性或者防止布丝脱散。

（三）推板

1. 裤片推板

男西裤裤片推板如图6-4所示。

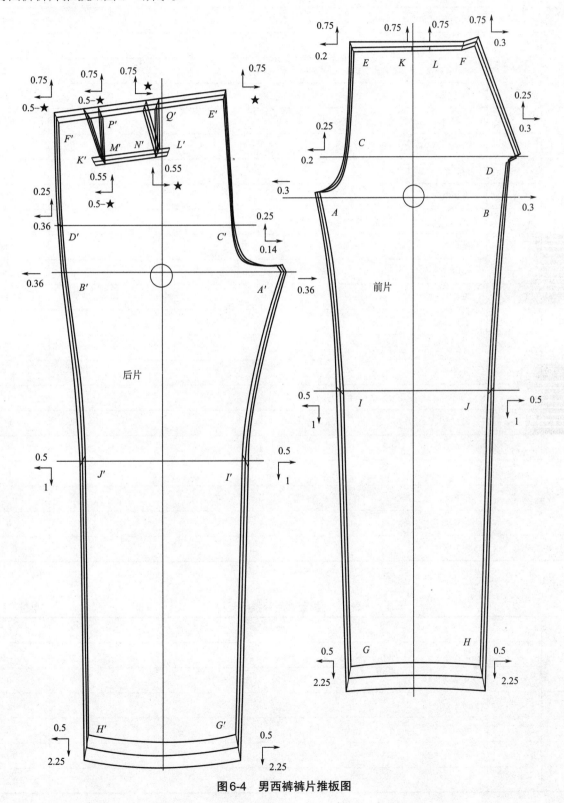

图6-4　男西裤裤片推板图

男西裤前片推板分析见表6-2。

表6-2　男西裤前片推板分析　　　　　　　　　　　　　　单位：cm

结构点	方向	推板依据	档差
A	←	横档/2，即（0.05H+H/4）	0.3
		在横向基准线上	0
B	→	同A点	0.3
		同A点	0
C	←	A点横向档差−0.05臀围档差	0.2
	↑	直裆档差/3	0.25
D	→	在侧缝线上，同B点	0.3
	↑	直裆档差−前袋口大小档差（0.5）	0.25
E	←	同C点	0.2
	↑	直裆档差	0.75
F	→	W档差/4−E点横向档差（袋口宽大小不变）	0.3
	↑	同E点	0.75
G	←	脚口宽档差/2	0.5
	↓	裤长−直裆	2.25
H	→	同G点	0.5
	↓	同G点	2.25
I	←	同G点	0.5
	↓	（裤长−2/3直裆档差）/2−直裆档差/3	1
J	→	同H点	0.5
	↓	同I点	1
K		褶量大小不变	0
	↓	同E点	0.75
L		褶量大小不变	0
	↓	同K点	0.75

男西裤后片推板分析见表6-3。

表6-3　男西裤后片推板分析　　　　　　　　　　　　　　单位：cm

结构点	方向	推板依据	档差
A′	→	横档/2，即（0.11H+H/4）/2	0.36
		在横向基准线上	0
B′	←	同A′点	0.36
		同A′点	0
C′	→	H档差/4−D′点横向档差	0.14
	↑	同C点	0.25

续表

结构点	方向	推板依据	档差
D'	←	同B'点	0.36
	↑	同C'点	0.25
E'	→	保证后中困势不变，即后中斜线平行	★
	↑	直档档差	0.75
F'	←	W档差/4−E'点横向档差	0.5−★
	↑	同E'点	0.75
G'	→	脚口宽档差/2	0.5
	↓	裤长−直档	2.25
H'	←	同G'点	0.5
	↓	同G'点	2.25
I'	→	同G'点	0.5
	↓	同I点	1
J'	←	同H'点	0.5
	↓	同I'点	1
K'	←	同F'点	0.5−★
	↑	直档档差−后腰省长档差（0.2）	0.55
L'	→	后袋口宽档差（0.5）−K'点横向档差	★
	↑	同K'点	0.55
M'	←	同K'点	0.5−★
	↑	同K'点	0.55
N'	→	同L'点	★
	↑	同L'点	0.55
P'	←	同M'点	0.5−★
	↑	同F'点	0.75
Q'	→	同N'点	★
	↑	同F'点	0.75

2. 部件推板

由于腰围的档差为2cm，整个腰头从后中分成左、右两部分，所以每一部分的腰头变化为1cm，而侧缝对位点处为0.5cm（图6-5）。

门、里襟的推板仅做长度的变化，依据拉链档差而定。为了保证造型形状不变，推板方法是在门襟上端加长或缩短，在里襟中间加长或缩短。

前插袋的袋口大小档差为0.5cm，因此，前袋垫布、前袋布及前袋口衬在长度方向变化量为0.5cm。另外，前袋布在宽度方向还需随着前腰围的变化而变化，大小也是0.5cm。

后双嵌线口袋的袋口大小档差为0.5cm，所以，后袋垫布、嵌条以及袋布均依此进行变化。

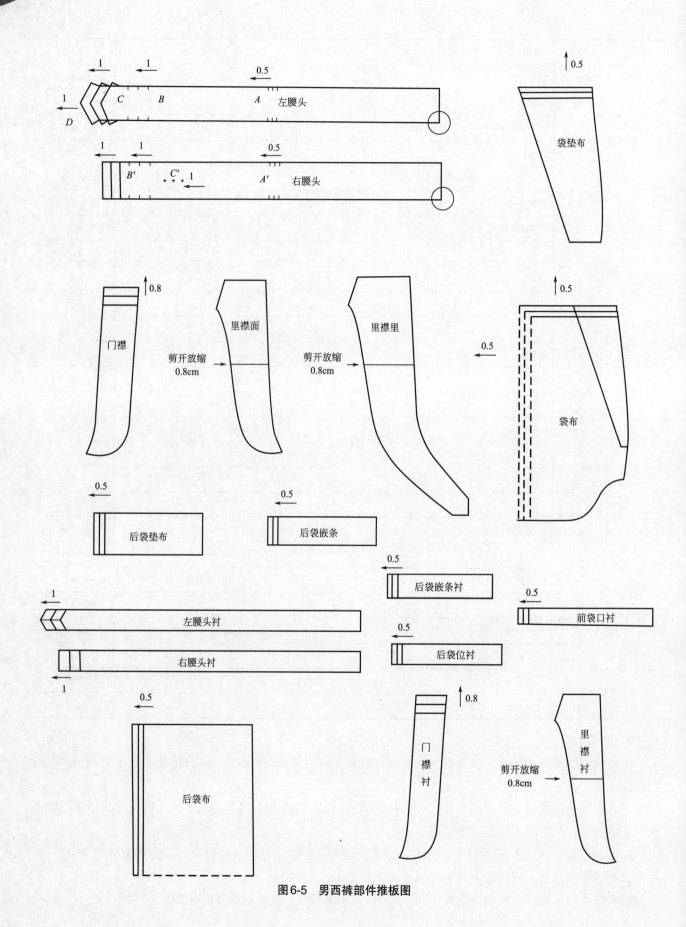

图6-5　男西裤部件推板图

第二节 男衬衫工业制板

表6-4是一款典型男衬衫，款式特征为单排六粒扣暗门襟、企领、平底摆，并且设有过肩分割线，后身左右侧各一褶裥，前身左胸设有明贴袋，袖口设有两个褶及宝剑头开衩，装袖克夫。

表6-4 男衬衫款式与成衣规格表

款号		品名	男衬衫	文件编号	

规格 部位	S	M	L	公差
	165/84	170/88	175/92	
衣长	72	74	76	±1
胸围	106	110	114	±1
肩宽	44.8	46	47.2	±0.5
领围	38	39	40	±0.5
袖长	57.5	59	60.5	±0.5
袖口围	25	26	27	±0.3
制表/日期		执行/日期		批准/日期	

（一）基本纸样的设计

男衬衫结构设计如图6-6、图6-7所示，其主要绘制步骤如下。

（1）完成衬衫衣身的基本结构。

（2）合并过肩。

（3）后片追加褶量设计。

（4）根据领围尺寸，完成分体企领的结构。

（5）根据袖窿弧线尺寸，设计宽松一片袖。

（6）完成一片式合体袖克夫。

（7）完成宝剑头袖衩条的结构。

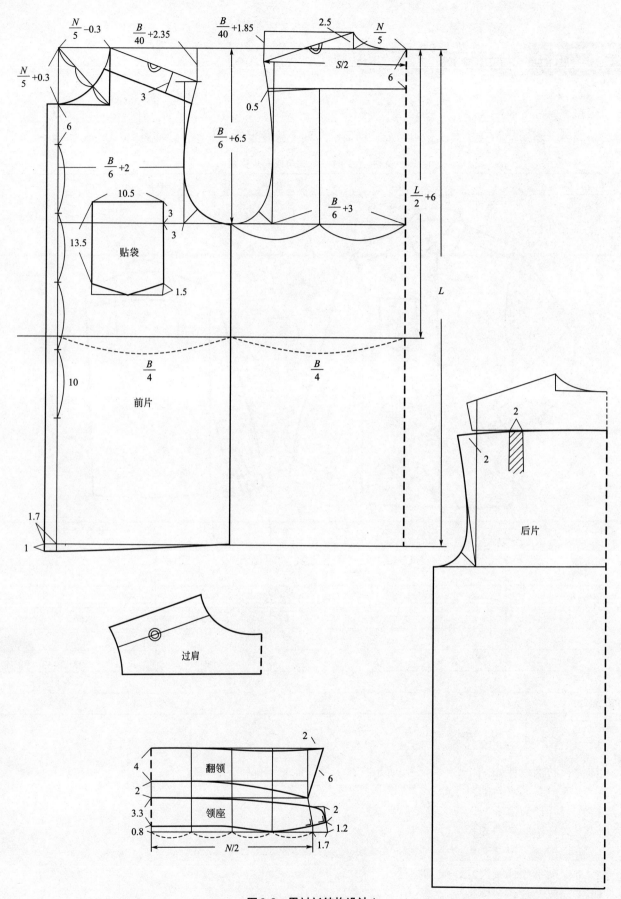

$\frac{N}{5}-0.3$

$\frac{B}{40}+2.35$

$\frac{B}{40}+1.85$

2.5

$\frac{N}{5}$

$\frac{N}{5}+0.3$

$S/2$

6

3

0.5

$\frac{B}{6}+6.5$

6

$\frac{B}{6}+2$

$\frac{L}{2}+6$

10.5

3

$\frac{B}{6}+3$

3

13.5

贴袋

L

1.5

$\frac{B}{4}$

$\frac{B}{4}$

10

前片

2

2

后片

1.7

1

过肩

2

翻领

6

4

2

2

领座

3.3

1.2

0.8

1.7

$N/2$

图6-6 男衬衫结构设计1

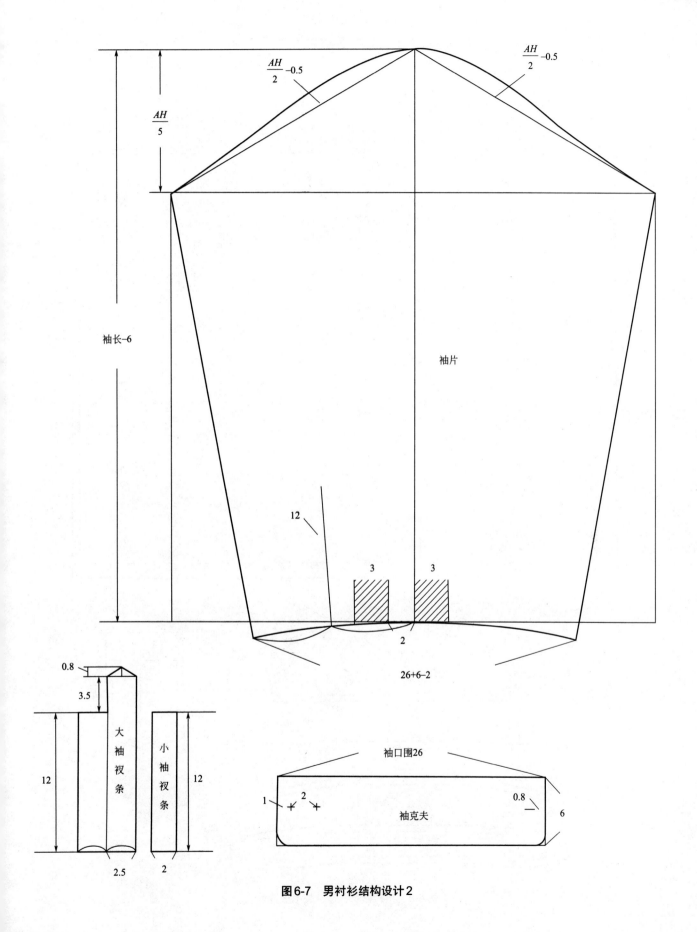

图6-7 男衬衫结构设计2

（二）毛板的制作

男衬衫毛板的制作如图6-8、图6-9所示，其主要步骤如下。

（1）拓下结构图。

（2）加放各纸样的缝份。

（3）标示对位标记及文字标注。

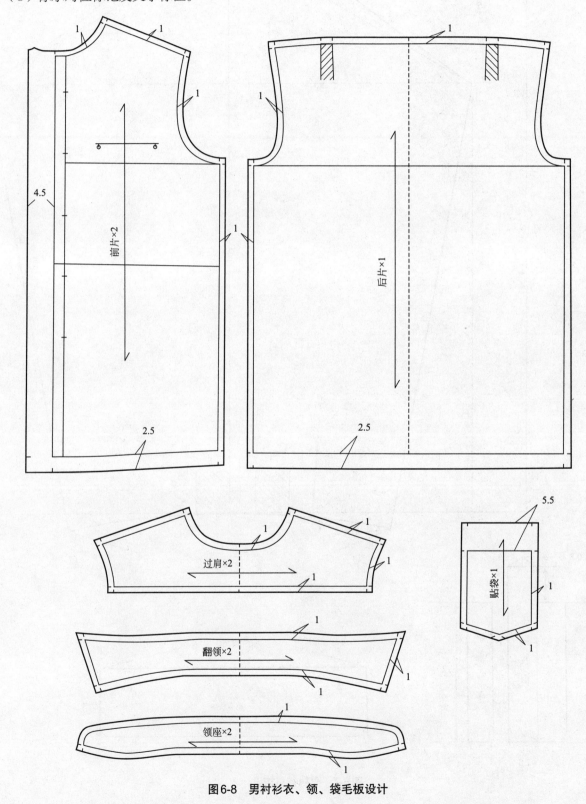

图6-8 男衬衫衣、领、袋毛板设计

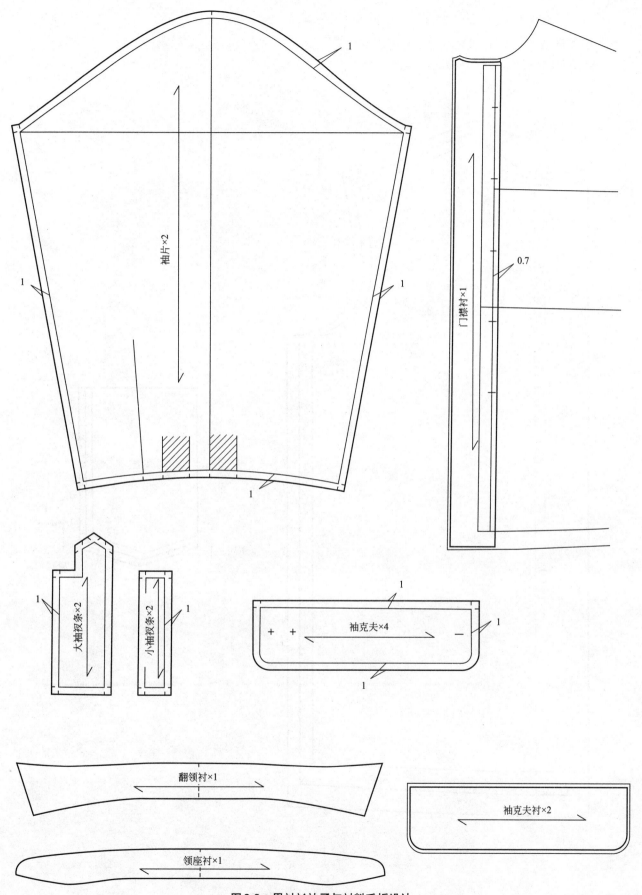

图6-9 男衬衫袖子与衬料毛板设计

（三）推板

1. 前片推板

男衬衫前片推板如图6-10所示。

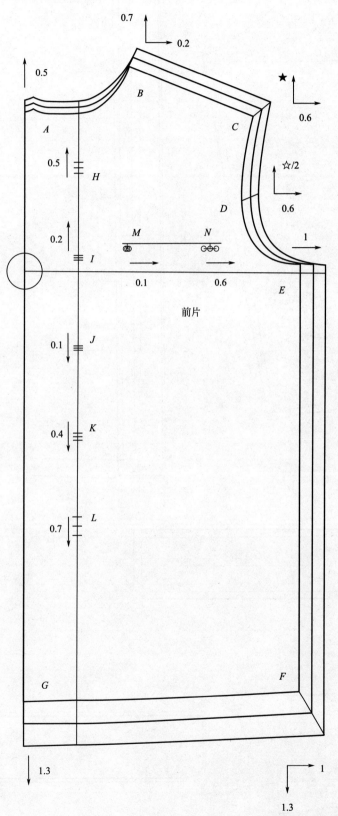
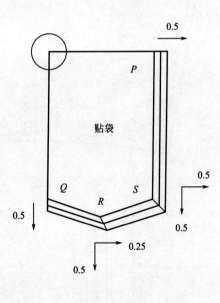

图6-10　男衬衫前片推板图

男衬衫前片推板分析见表6-5。

表6-5 男衬衫前片推板分析 单位：cm

结构点	方向	推板依据	档差
A		在纵向基准线上	0
	↑	$(B/6+6.5)-(N/5+0.3)$，即胸围档差/6－领围档差/5	0.5
B	→	$N/5+0.3$+搭门量，搭门量不变，因此取领围档差/5	0.2
	↑	$B/6+6.5$，胸围档差/6	0.7
C	→	肩宽/2，即肩宽档差（1.2）/2	0.6
	↑	保证肩斜度不变，即肩线平行	★
D	→	$B/6+2$，即胸围档差（4）/6	0.6
	↑	C点档差/2	★/2
E	→	$B/4$，即胸围档差/4	1
		在横向基准线上	0
F	→	同E点	1
	↓	衣长档差－B点档差，即背长档差（2）－0.7	1.3
G		在纵向基准线上	0.
	↓	同F点	1.3
H		搭门量不变	0
	↑	距前颈点间距不变，同A点变化	0.5
I		同H点	0
	↑	扣间距档差0.3，即距H点间距变化0.3	0.2
J		同H点	0
	↓	扣间距档差0.3，即距I点间距变化0.3	0.1
K		同H点	0
	↓	扣间距档差0.3，即距J点间距变化0.3	0.4
L		同H点	0
	↓	扣间距档差0.3，即距K点间距变化0.3	0.7
M	→	贴袋袋口大小档差0.5	0.1
		同N点	0
N	→	距离背宽线间距不变，同D点	0.6
		距离胸围线间距不变	0
P	→	贴袋袋口大小档差0.5	0.5
		在横向基准线上	0
Q		在纵向基准线上	0
	↓	贴袋深度档差0.5	0.5
R	→	P点档差/2	0.25
	↓	同Q点	0.5
S	→	同P点	0.5
	↓	同Q点	0.5

2. 后片推板

男衬衫后片推板如图6-11所示。

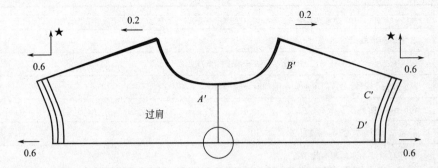

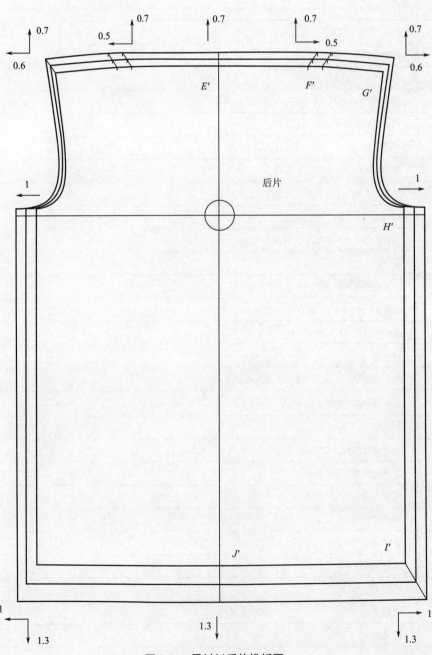

图6-11　男衬衫后片推板图

男衬衫后片推板分析见表6-6。

表6-6　男衬衫后片推板分析　　　　　单位：cm

结构点	方向	推板依据	档差
A′		在纵向基准线上	0
		过肩宽度不变	0
B′	→	领围档差/5	0.2
		后直开领档差取0	0
C′	→	肩宽/2，即肩宽档差（1.2）/2	0.6
	↑	保证肩斜度不变，即肩线平行	★
D′	→	肩冲不变，同C′点	0.6
		在横向基准线上	0
E′		在纵向基准线上	0
	↑	胸围档差/6−过肩宽度档差	0.7
F′	→	H′档差/2	0.5
	↑	同E′点	0.7
G′	→	同D′点	0.6
		同E′点	0.7
H′	→	胸围档差/4	1
		在横向基准线上	0
I′	→	同H′点	1
	↓	衣长档差−0.7，即衣长档差（2）−0.7	1.3
J′		在纵向基准线上	0
	↓	同I点	1.3

3. 部件及衬料推板

男衬衫袖片推板分析见表6-7，袖片及其他部件推板图如图6-12所示。

表6-7　男衬衫袖片推板分析　　　　　单位：cm

结构点	方向	推板依据	档差
A		在纵向基准线上	0
		袖窿弧线档差/5	0.4
B	←	袖肥档差约为胸围档差/5，即4/5	0.8
		在横向基准线上	0
C	→	同B点	0.8
		同B点	0
D	←	袖口围档差/2	0.5
	↓	袖长档差−袖山档差−袖克夫宽度档差，即1.5−0.4−0	1.1
E	→	同D点	0.5
	↓	同D点	1.1
F	←	D点档差/2	0.25
	↓	同D点	1.1
G	←	保证袖衩平行	★
	↓	袖衩长度档差0.5	0.6

续表

结构点	方向	推板依据	档差
H		距离袖中线尺寸不变、褶量大小不变	0
	↓	同D点	1.1
I		褶量大小不变	0
	↓	同D点	1.1

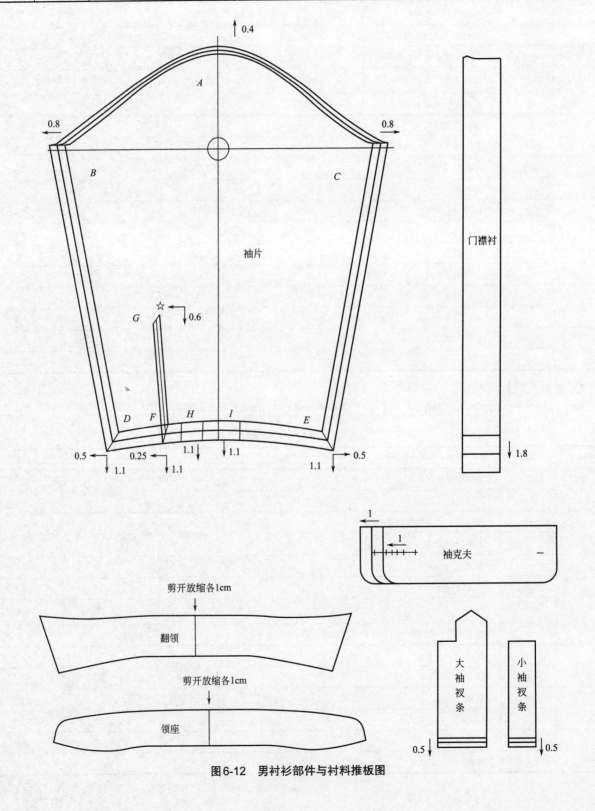

图6-12　男衬衫部件与衬料推板图

　　另外，袖克夫宽度通常不变，因此其推板仅做围度的变化，依据袖口围档差1cm而定。可以直接横向放缩。当然也可以采取在袖克夫中间剪开加长或缩短围度尺寸的方法进行放缩，这样可以更好地保证两端圆角造型不变。

　　袖衩条的宽度不变，长度随袖衩长度的档差而改变。通常直接在下端放缩，以保证宝剑头造型的稳定。

　　翻领与领座的推板也可如上所述，采取直接在后中剪开放缩领围档差1cm的方法进行。

　　衬料的推板方法基本与面料相一致，如领衬、袖克夫衬，在此省略。另外，门襟衬的推板宽度不变，长度随前衣片前中的长度而变化。

第三节　男西服上衣工业制板

　　本款男西服采用平驳领，单排两粒扣，圆底摆，双开衩，活驳头的设计，整体呈H造型。驳头处采用拼接工艺且在驳头处形成活褶让款式显得耳目一新。西装多处采用撞色设计，典雅的灰白条纹配上亮丽的亮黄色是西装具有了强烈的美感。西装左侧一个下开袋，右侧两个平行下开袋，形成不对称设计，而整体趋于和谐（表6-8）。

表6-8　活驳头男西服款式与成衣规格表

款号		品名		男西服		文件编号	

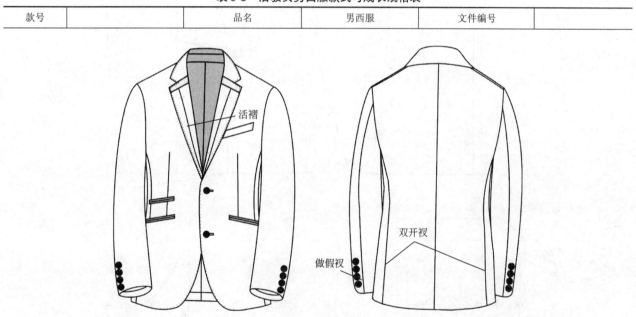

规格 部位	S	M	L	档差
	170/88	175/92	180/96	
衣长	71	73	75	2
胸围	104	108	112	4
腰围	90	94	98	4
腰节	40.75	42	43.25	1.25
肩宽	42.8	44	45.2	1.2
袖口宽	14.5	15	15.5	0.5
袖长	61	62.5	64	1.5
领围	40	41	42	1

制表/日期		执行/日期		批准/日期	

（一）基本纸样的设计

活驳头西装基本纸样的设计与制作如图6-13、图6-14所示。

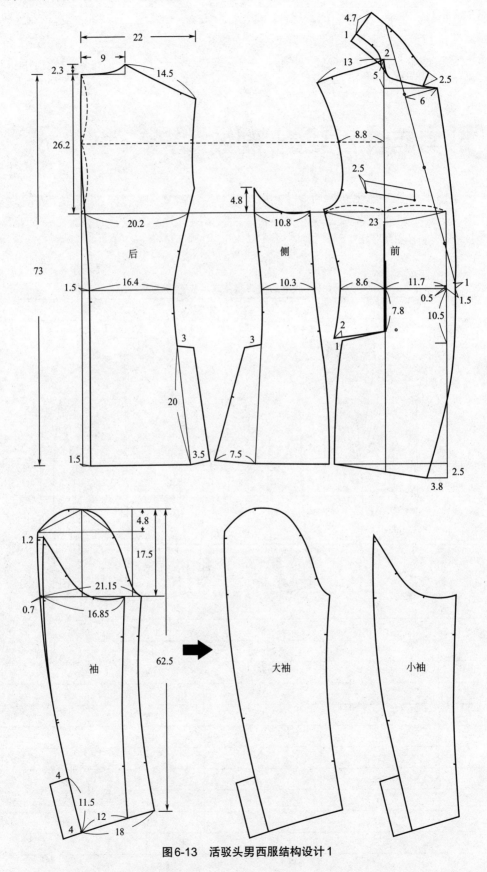

图6-13 活驳头男西服结构设计1

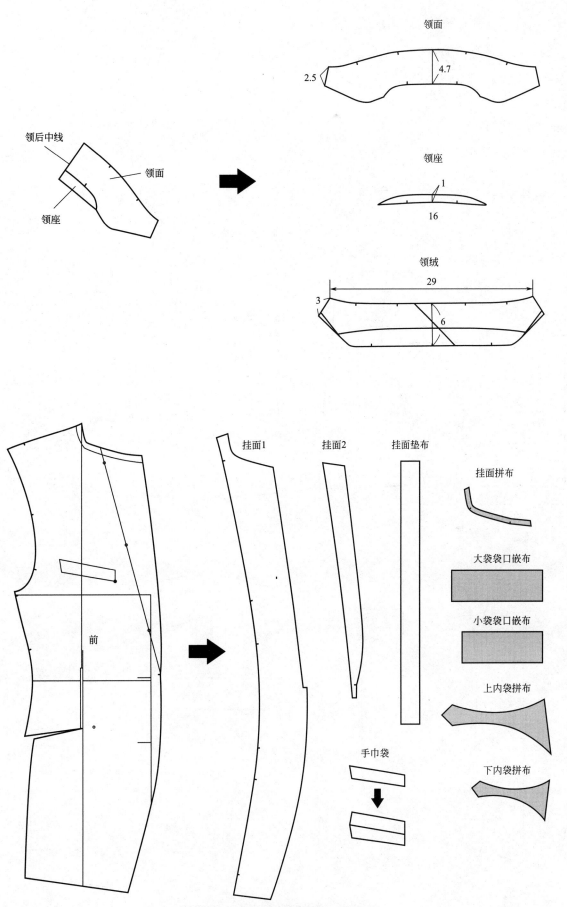

图6-14　活驳头男西服结构设计2

（二）毛板的制作

1. 面料毛板设计

活驳头男西服面料毛板设计如图6-15所示。

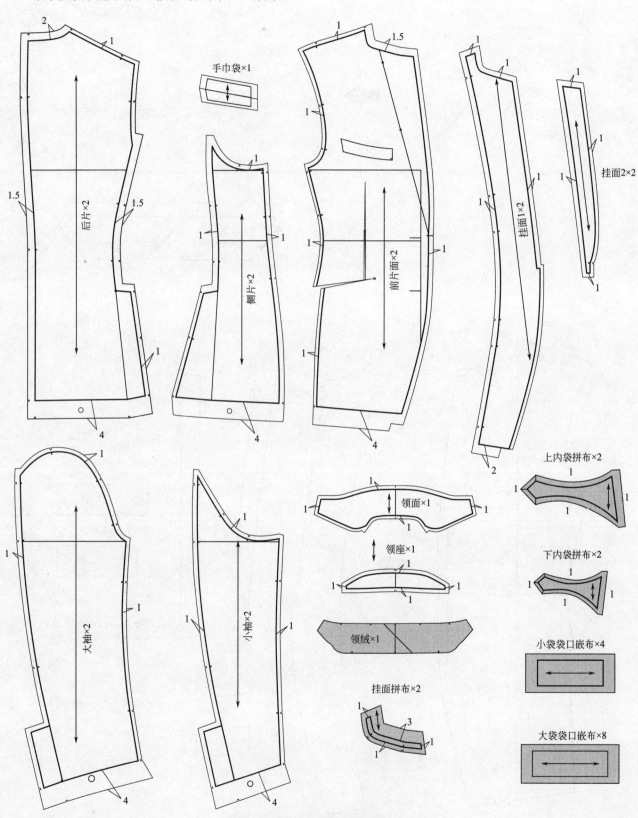

图6-15　活驳头男西服面料毛板设计

2. 里料毛板设计

活驳头男西服里料毛板设计如图6-16所示。

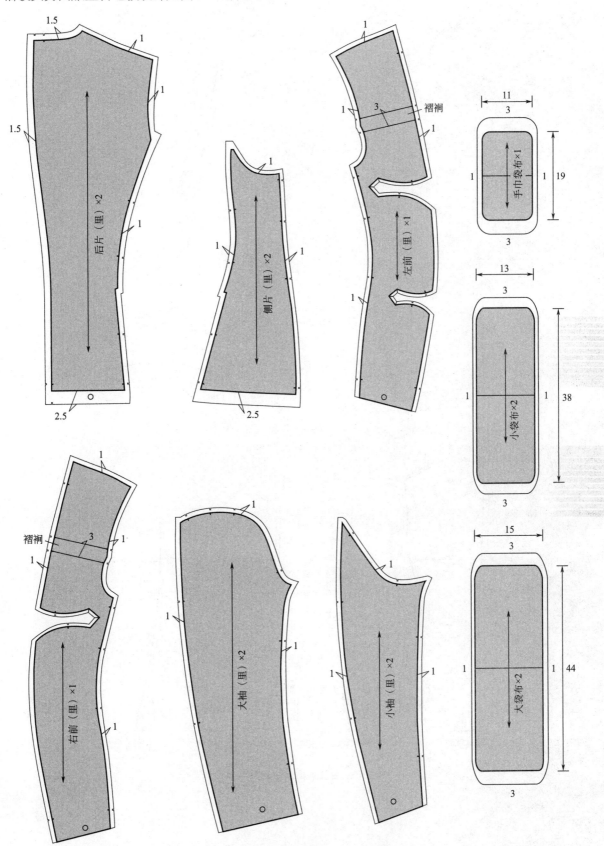

图6-16　活驳头男西服里料毛板设计

3. 衬料毛板设计

活驳头男西服衬料毛板如图6-17所示。

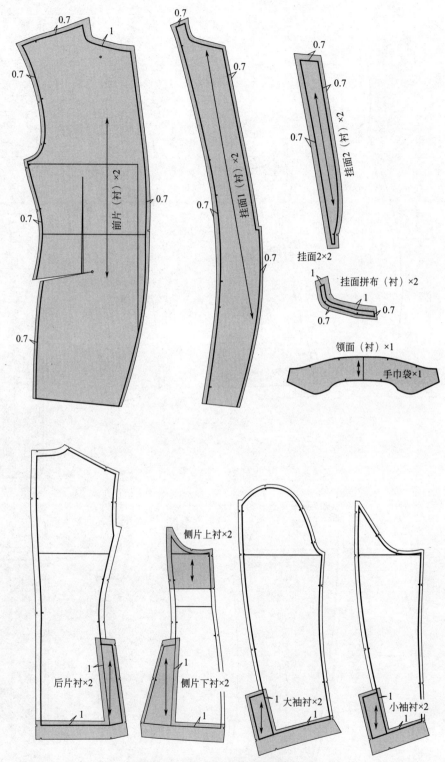

图6-17　活驳头男西服衬料毛板设计

（三）推板

1. 后片的推板

活驳头男西服后片的推板如图6-18所示。

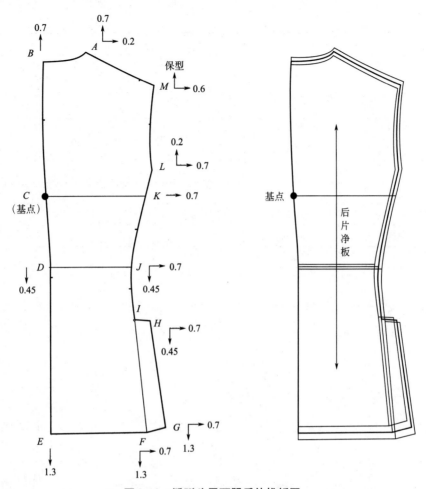

图6-18 活驳头男西服后片推板图

后片推板分析见表6-9。

表6-9 活驳头男西服后片推板分析 单位：cm

结构点	方向	推板依据	档差
A	→	横开领档差	0.2
	↑	A点到胸围线（横向基准线）的距离约占总体衣长的1/3，衣长档差为2cm	0.7
B	/	纵向基准线通过点	0
	↑	同A点	0.7
C	/	纵向基准线通过点	0
	/	横向基准线通过点	0
D	/	纵向基准线通过点	0
	↓	腰节差－点A纵向档差	0.45
E	/	纵向基准线通过点	0
	↓	衣长差－点A纵向档差	1.3
F	→	同J点	0.7
	↑	同E点	1.3
G	→	同F点，保持侧开衩宽度不变	0.7
	↑	同F点，保持侧开衩宽度不变	1.3
H	→	同G点	0.7
	↓	同G点	1.3

续表

结构点	方向	推板依据	档差
I	→	同I点	0.7
	↓	同I点	1.3
J	→	约占腰围的1/6，故档差为腰围差/6	0.7
	↓	同D点	0.45
K	→	约占胸围的1/6，故档差为胸围差/6	0.7
	/	横向基准线通过的点	0
L	→	同K点	0.7
	↑	根据点L到胸围线的距离与点A到胸围线距离的比例	0.2
M	→	肩宽档差/2	0.6
	↑	肩斜保型，取肩斜线的平行线	/

2. 侧片的推板

活驳头男西服侧片的推板如图6-19所示。

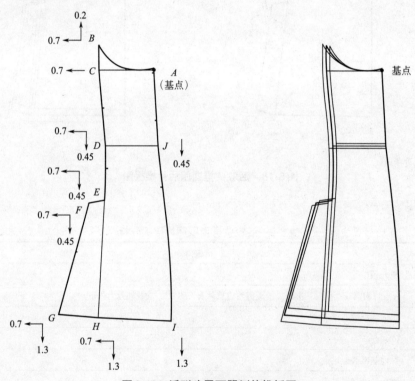

图6-19　活驳头男西服侧片推板图

侧片推板分析见表6-10。

表6-10　活驳头男西服侧片推板分析

单位：cm

结构点	方向	推板依据	档差
A	/	纵向基准线通过点	0
	/	横向基准线通过点	0
B	←	侧缝和袖窿保型，同C点	0.7
	↑	与后片的L点对应	0.2
C	←	约占胸围的1/6，故档差为胸围差/6	0.7
	/	横向基准线通过点	0

结构点	方向	推板依据	档差
D	←	约占腰围的1/6，故档差为腰围差/6	0.7
	↓	与后片的J点对应	0.45
E	←	侧缝保型，同D点	0.7
	↓	同D点	0.45
F	←	同E点	0.7
	↓	同E点	0.45
G	←	同F点	0.7
	↓	同H点	1.3
H	←	侧缝保型，同D点	0.7
	↓	与后片的F点对应	1.3
I	/	纵向基准线通过点	0
	↓	同H点	1.3
J	/	纵向基准线通过点	0
	↓	同D点	0.45

3. 前片的推板

活驳头男西服前片推板如图6-20所示。

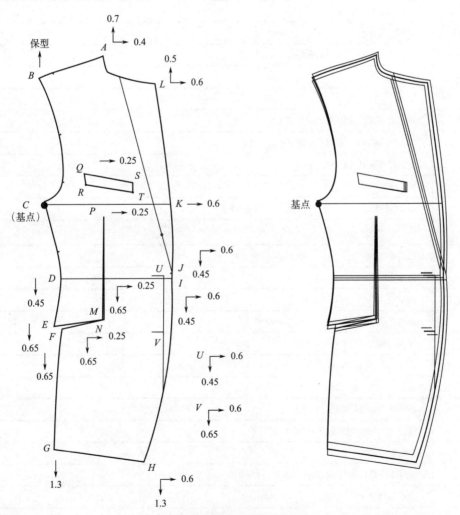

图6-20 活驳头男西服前片推板图

前片推板分析见表6-11。

表6-11 活驳头男西服前片推板分析

单位：cm

结构点	方向	推板依据	档差
A	→	L点横向档差－横开领档差，横开领档差=0.2	0.4
	↑	与后片A点相对应	0.7
B	/	与基准点C点基本位于同一垂线上	0
	↑	肩斜保型，取肩斜线的平行线	0.7
C	/	纵向基准线通过的点	0
	/	横向基准线通过的点	0
D	/	纵向基准线通过的点	0
	↓	与侧片J点相对应	0.45
E	/	同D点	0
	↓	（衣长差－点A纵向档差）/2	0.65
F	/	同E点	0
	↓	同E点，保持肚省大小不变	0.65
G	/	在纵向基准线上	0.
	↓	衣长差－0.7（点A纵向档差）	1.3
H	→	E点横向变化的3/4	0.6
	↓	同G点	1.3
I	→	约占腰围的1/6，故档差为腰围差/6，取0.6	0.6
	↓	同D点	0.45
J	→	同I点	0.6
	↓	同I点，保持与腰围线相对位置不变	0.45
K	→	约占胸围的1/6，故档差为胸围差/6，取0.6	0.6
	/	横向基准线通过的点	0
L	→	同K点	0.6
	↑	点A纵向档差－直开领档差，直开领档差为0.2	0.5
M	→	同P点	0.25
	↓	同E点	0.65
N	→	同M点	0.25
	↓	同M点	0.65
P	→	根据P点与前片胸围的相对位置和比例	0.25
	/	保持与胸围线的相对位置不变	0
Q	/	保持手巾袋与袖窿相对位置不变	0
	/	保持手巾袋与胸围线相对位置不变	0
R	/	保持手巾袋与袖窿相对位置不变	0
	/	保持手巾袋与胸围线相对位置不变	0
S	→	手巾袋档差	0.25
	/	保持手巾袋与胸围线相对位置不变	0
T	→	手巾袋档差	0.25
	/	保持手巾袋与胸围线相对位置不变	0

续表

结构点	方向	推板依据	档差
U	→	同 *I* 点	0.6
	↓	同 *I* 点	0.45
V	→	同 *U* 点	0.6
	↓	同 *F* 点	0.45

4. 挂面的推板

活驳头男西服挂面的推板如图6-21所示。

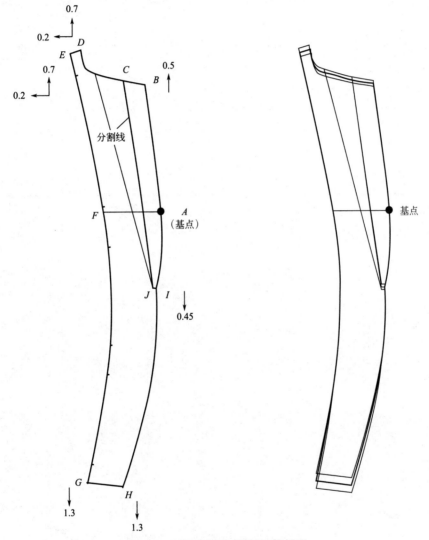

图6-21　活驳头男西服挂面推板图

挂面推板分析见表6-12。

表6-12　活驳头男西服挂面推板分析　　　　　　　　　　　单位：cm

结构点	方向	推板依据	档差
A	∕	纵向基准线通过点	0
	∕	横向基准线通过点	0
B	∕	纵向基准线通过点	0
	↑	点 *D* 纵向档差－直开领档差	0.5

续表

结构点	方向	推板依据	档差
C	←	按比例关系画顺	/
	↑	按比例关系画顺	/
D	←	横开领档差	0.2
	↑	同前片A点	0.7
E	←	同D点	0.2
	↑	同D点	0.7
F	/	同A点	0
	/	同A点	0
G	/		/
	↓	同H点	1.3
H	/		/
	↓	同前片H点	1.3
I	/	纵向基准线通过点	0
	↓	同前片I点	0.45
J	/	同I点	0
	↓	同I点	0.45

5. 大袖的推板

活驳头男西服大袖的推板如图6-22所示。

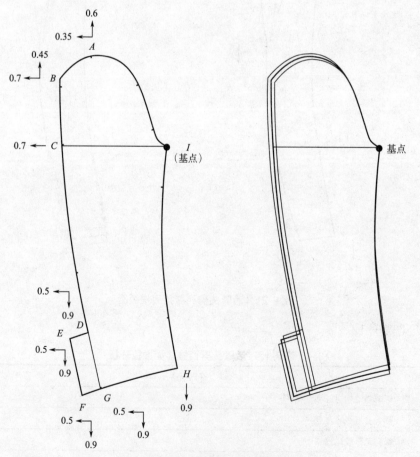

图6-22　活驳头男西服大袖推板图

大袖推板分析见表6-13。

表6-13 活驳头男西服大袖推板分析 单位：cm

结构点	方向	推板依据	档差
A	←	点B横向档差/2	0.35
	↑	根据袖窿深的档差确定	0.6
B	←	同C点	0.7
	↑	约A点纵向档差的3/4	0.45
C	←	根据袖窿窿门宽的档差	0.7
	/	横向基准线通过点	0
D	←	同G点	0.5
	↓	同G点	0.9
E	←	同F点	0.5
	↓	同D点	0.9
F	←	同G点	0.5
	↓	同G点	0.9
G	←	袖口差	0.5
	↓	袖长差-A点纵向档差	0.9
H	/	纵向基准线通过点	0
	↓	同G点	0.9
I	/	纵向基准线通过点	0
	/	横向基准线通过点	0

6. 小袖的推板

活驳头男西服小袖的推板如图6-23所示。

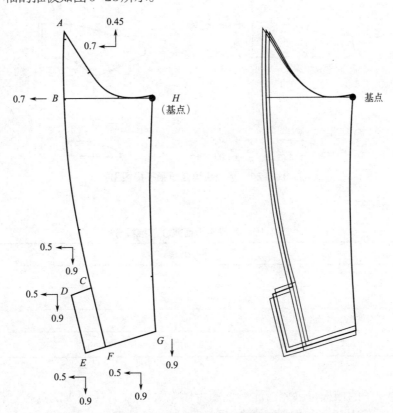

图6-23 活驳头男西服小袖推板图

小袖推板分析见表6-14。

表6-14   活驳头男西服小袖推板分析   单位：cm

结构点	方向	推板依据	档差
A	←	同B点	0.7
	↑	与大袖B点对应	0.45
B	←	根据袖窿窿门宽的档差	0.7
	/	横向基准线通过点	0
C	←	同F点	0.5
	↓	同F点	0.9
D	←	同E点	0.5
	↓	同C点	0.9
E	←	同F点	0.5
	↓	同F点	0.9
F	←	袖口差	0.5
	↓	与大袖G点对应	0.9
G	/	纵向基准线通过点	0
	↓	同F点	0.9
H	/	纵向基准线通过点	0
	/	横向基准线通过点	0

7. 领子的推板

活驳头男西服领子推板如图6-24所示。

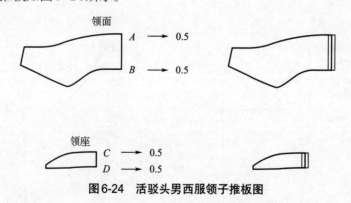

图6-24   活驳头男西服领子推板图

领子推板分析见表6-15。

表6-15   活驳头男西服领子推板分析   单位：cm

结构点	方向	推板依据	档差
A	→	领围档差/2	0.5
B	→	领围档差/2	0.5
C	→	领围档差/2	0.5
D	→	领围档差/2	0.5

8. 里子的推板

后片里子、侧片里子的推板可参照前面所述的后片（面）、侧片（面）的推板进行。而左前片里子的推板如图6-25所示，右前片里子的推板与左前片里子类似，只是不用推下口袋。

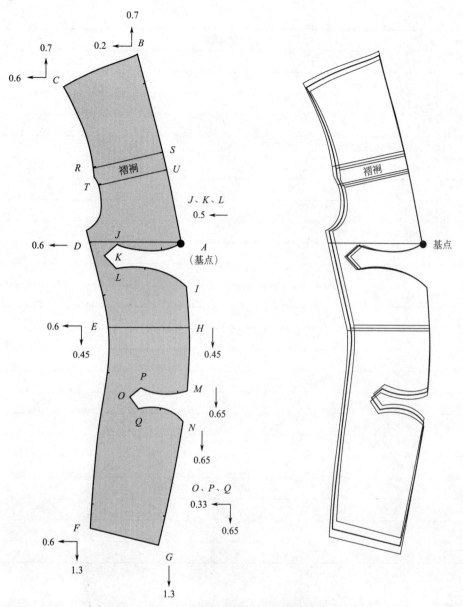

图6-25 活驳头男西服里子推板图

里子推板分析见表6-16。

表6-16 活驳头男西服里子推板分析 单位：cm

结构点	方向	推板依据	档差
A	/	纵向基准线通过的点	0
	/	横向基准线通过的点	0
B	←	与挂面E点相对应	0.2
	↑	与挂面E点相对应	0.7
C	←	与前片B点相对应，保型保量	0.6
	↑	与前片B点相对应，保型保量	0.7
D	←	前片胸围档差	0.6
	/	横向基准线通过的点	0
E	←	前片腰围档差	0.6
	↓	与前片B点相对应	0.45

结构点	方向	推板依据	档差
F	←	同 E 点	0.6
	↓	与前片 G 点相对应	1.3
G	／	纵向基准线通过的点	0
	↓	同 F 点	1.3
H	／	纵向基准线通过的点	0
	↓	同 E 点	0.45
I	／	同 A 点	0
	／	同 A 点	0
J	←	胸袋宽档差	0.5
	／	同 A 点	0
K	←	同 J 点	0.5
	／	同 J 点	0
L	←	同 J 点	0.5
	／	同 J 点	0
M	／	纵向基准线通过的点	0
	↓	位于下扣位附近，参照前片下扣位	0.65
N	／	同 M 点	0
	↓	同 M 点	0.65
P	←	胸袋宽档差 2/3	0.33
	↓	同 M 点	0.65
Q	←	同 P 点	0.33
	↓	同 P 点	0.65
R	←	同 P 点	0.33
	↓	同 P 点	0.65

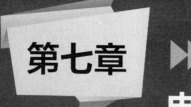

第七章 ▶▶ 电脑辅助服装工业制板

服装工业制板影响服装产品的品质，也关乎服装企业的生产效率和经济效益。随着计算机和互联网技术的发展，服装CAD系统已经在现代服装企业得到了广泛的应用。计算机在服装工业制板中的应用改进了我国服装企业传统的手工作业方式，将制板师从繁琐的重复劳动中解脱出来，能更专注于产品的研发，大大提高了制板的精度和效率，从而满足市场对服装产品小批量、短周期、快交货等高要求。

第一节 计算机辅助服装推板

一、计算机辅助推板概述

服装CAD系统，英文为Apparel Computer Aided Design System，全称为计算机辅助服装设计系统，是服装企业中应用最为广泛的计算机技术。当前市场上的服装CAD系统可以说品牌众多、性能各异，名气较大、应用较多的几个国内外品牌主要有美国格柏公司的Gerber系统、法国力克公司的Lectra系统、北京日升天辰公司的NAC系统、深圳富怡公司的Richpease系统、深圳博克公司的Boke系统等。这些不同品牌的服装CAD系统有的综合性能优异，有的在某一方面具有突出优势，有的性价比较高，尽管如此，这些系统通常都包含了服装工业制板所需的绘图、推板、放缝、标记等功能。

推板，又称放码、纸样放缩等，是服装工业制板的一个重要环节，它是将基本号型纸样按规定的档差进行缩放，形成各种号型的纸样，依此作为裁剪和排料的依据。推放的样板直接影响产品的质量，不仅要满足规格档差的规定，同时还必须要有良好的保形性，可以说是服装工业制板工作的重中之重。

计算机辅助推板是服装CAD系统中应用最广泛、技术最成熟、普及率最高的功能之一。其主要过程包括基本纸样绘制/输入、放码规则设计与放码量输入、纸样放缩图绘制等。放码完成后，可通过绘图仪按一定比例绘制出各种号型的裁片，以供后道工序使用；也可在计算机内直接将放码处理好的纸样传送给排料模块，进行排料。

常见的计算机服装推板方式有以下几种。

1. 点放码

点放码与传统的手工放码方式基本相同，通过对放码点的设置放码量，产生放码结果。

2. 线放码

线放码是通过虚拟的放码线，将各个部分的档差输入到放码线中进行放码。相比点放码，线放码不用对每个放码点都设置放码量，放码的效率大为提高。

3. 规则放码

规则放码是将纸样按照放码规则库中的放码规则进行放码。此种放码方式只需设定好规则表，即可实现自动放码，省却了繁琐的计算，使得制板效率得到了进一步提升。

下面以北京日升天辰公司的NACPRO系统为例介绍这三种放码方式。

二、NACPRO服装CAD制板系统简介

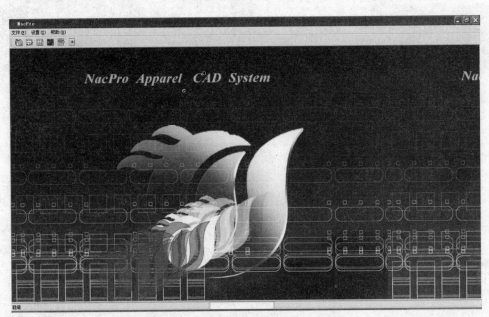

图7-1　NACPRO服装CAD系统主界面

NACPRO服装CAD制板系统是日升天辰公司积累多年开发经验与众多代理、上万家企业用户对上代产品NAC2000使用反馈的基础上开发出来的新一代智能化制板系统。它延承了上代产品灵活、便捷的优点，且赋予新一代产品更多智能化表现。

新一代产品保留了原有产品的操作习惯，并简化操作步骤、精炼多种工具合而为一，使使用者更易掌握。打板时工艺师可完全保留手工制板习惯任意取点画线，并可使用特殊工具简便快速地对衣片进行旋转、对合、捏褶、分割、省道转移等手工操作看似很复杂的处理。NACPRO智能化的最大体现还在于当基础号的衣片进行款式变化时，其余号型自动产生而无需再次推板；修改一条曲线，衣片相关部位曲线联动修改无需人工干预，这种修改模式保证了衣片缝合部位的准确吃量及曲线造型；同时新加入的自动打板方式大大节省工艺师起头板的重复性工作。为使用方便，系统可根据用户要求自定义系统的工具条、右键功能菜单及快捷键，将曲线板库、曲线库、部件库、文字库、面料库、记号库、线型库等改为完全开放式，多文件多任务可同时处理。

推板部分在保留原来切开线、点放码两种放码方式的同时加入了线放码——一种全新的放码方式，即使时尚企业对放码要求及其特殊也能满足。针对工装企业号型、板型众多的特点，先放型再放号的二次放码方式，使软件具备了归号和度身定做双重功能。

第二节　点放码——男西裤推板

一、男西裤制板

（一）打板系统的启动

在NACPRO系统的主界面点击"打板"按钮（图7-2）进入打板系统，如图7-3所示。

图7-2　打板系统启动界面

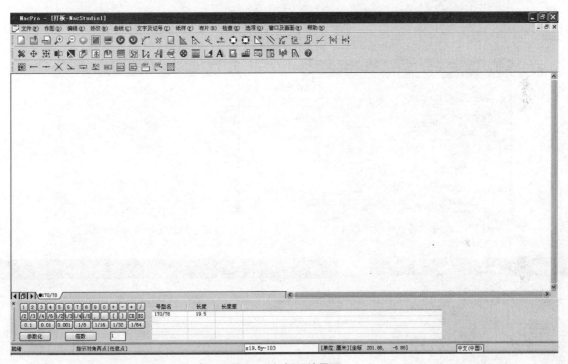

图7-3　打板系统界面

在NACPRO系统中，利用尺寸表进行男西裤打板，使用这种方式打板，当中间号型样板完成时，其余各个号型的样板自动生成。

（二）建立尺寸表

建立尺寸表的主要步骤如下。

（1）点击新建图标，弹出尺寸表对话框（图7-4）。

（2）在"项目名"列空白处点击右键，在弹出的菜单中点击"插入项目"（图7-5），在双击"项目名"列下方的方框，依次输入裤长、腰围、臀围、立档、裤口部位名称，完成后如图7-6所示。

（3）在"档差"右处空白处点击右键，在弹出的菜单中点击"追加多层"（图7-7）后如图7-8所示。

（4）在彩色方格中依次输入160/70、165/74、170/78、175/82和180/86号型名称，将170/78设置为基础层（图7-9）。

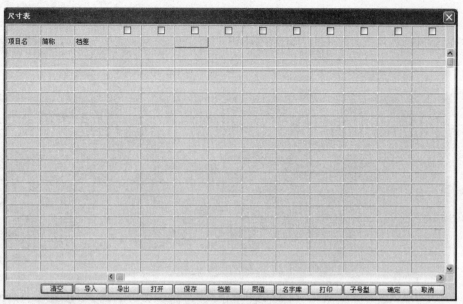

图7-4　尺寸规格表对话框

图7-5　尺寸规格表编辑步骤（1）

图7-6　尺寸规格表编辑步骤（2）

图7-7　尺寸规格表编辑步骤（3）

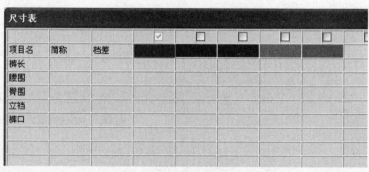

图7-8　尺寸规格表编辑步骤（4）

图7-9　尺寸规格表编辑步骤（5）

（5）先输入号型170/78各部位的尺寸，接着输入各部位的档差（图7-10），再点击对话框下方的"档差"按钮，完成尺寸表的建立（图7-11）。

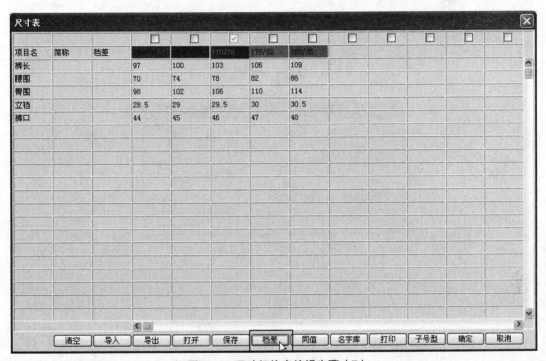

图7-10　尺寸规格表编辑步骤（6）

图7-11　尺寸规格表编辑步骤（7）

（三）前片制板

前片制板主要步骤如下。

（1）以"臀围/4-1"为宽，"裤长"为长绘制一矩形（图7-12）。

① 选择"矩形"工具。

② 在工作区下方的"属性栏"输入参数x25.5y-103，点击回车确认。

（2）确定横裆线、臀围线：

① 选择"间隔平行"工具，距离上平线"立裆-3.5（腰宽）"做一水平平行线。

② 选择"水平线"工具和"参数点"工具，弹出"参数点"对话框（图7-13），选择两点间移动点和比率点，比率数为0.33，如图7-14所示，依次点击横裆线右端和上平线右端，再点击左侧垂直线，得到臀围线。

（3）确定小裆宽。选择"修改要素"工具，弹出"修改要素"对话框，选择"延长"，"指示端"为"臀围×0.04"，"另一端"为"-0.06"，在横裆线左端点击右键，如图7-15所示。

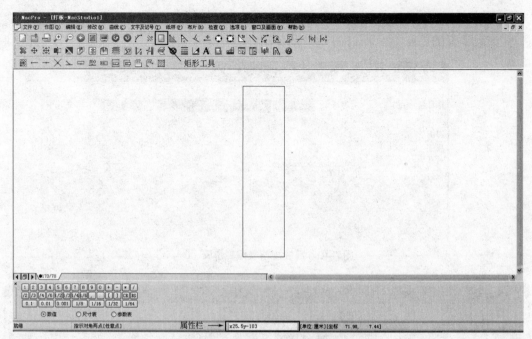

图7-12　裤装前片制板步骤（1）

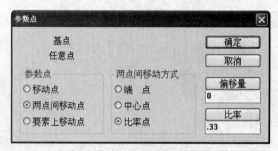

图7-13　裤装前片制板步骤（2）

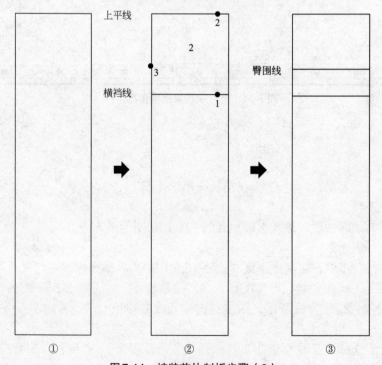

①　　　　　　　　　　②　　　　　　　　　　③

图7-14　裤装前片制板步骤（3）

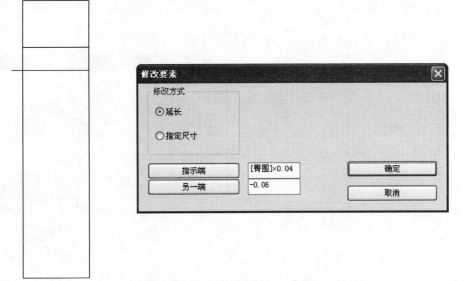

图7-15　裤装前片制板步骤（4）

（4）确定挺缝线，如图7-16所示。

① 选择"垂直线"工具，起点为横裆线的中心点，终点落在裤口线上。

② 选择"单侧切除"工具，将挺缝线向上延长至腰围线。

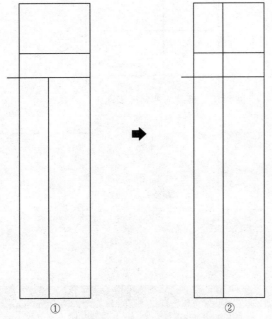

图7-16　裤装前片制板步骤（5）

（5）确定中裆线，如图7-17。

① 选择"水平线"工具和"参数点"工具，弹出"参数点"对话框，选择两点间移动点和中心点，偏移量为5cm。

② 依次点击裤口线左端和臀围线左端，再点击右侧垂直线，得到中裆线。

（6）确定前上裆弧线。先选择"曲线"工具做出上裆弧线，再用"修改点"和"连接角"工具对弧线进行修正，直至达到要求，完成后如图7-18所示。

（7）确定前腰围线。选择"修改要素"工具，弹出"修改要素"对话框，"修改方式"选择"指定尺寸"，"尺寸指定方式"选择"长度"，"移动方式"选择"要素移动方向"，"输入长度"为"腰围/4-1+5（褶量）"，指示腰围线的侧缝端，点击右键，如图7-19所示。

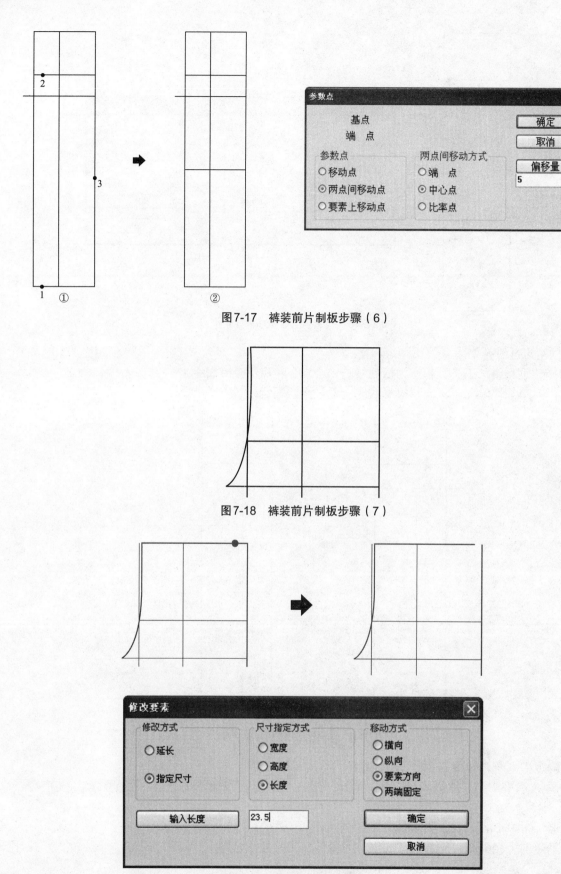

图7-17 裤装前片制板步骤（6）

图7-18 裤装前片制板步骤（7）

图7-19 裤装前片制板步骤（8）

（8）确定侧缝线，如图7-20所示。

① 先选择"曲线"工具作出横裆线以上的侧缝线，再用"修改点"工具对弧线进行调整，直至达到要求。

② 选择"单侧切除"工具，把膝围线和裤口线修到挺缝线的右边一侧。

③ 选择"修改要素"工具，定裤口为"裤口/4-1"。

④ 选择"折线"或"曲线"工具，连接裤口线右端和横裆线右端。

⑤ 选择"单侧切除"工具，把长出去的膝围线修到侧缝直线上。

⑥ 选择"拼合"工具，把侧缝直线变为侧缝曲线并收进膝围线1.5cm处。

⑦ 选择"单侧切除"工具，把长出去1.5cm的膝围线修到侧缝曲线上。

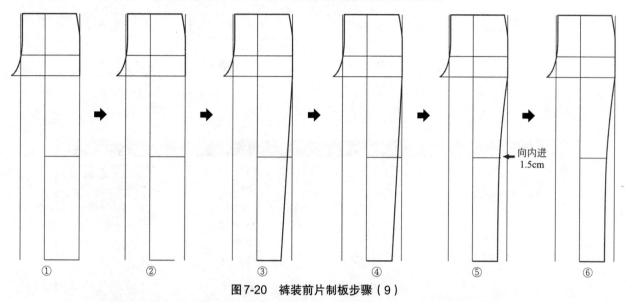

图7-20　裤装前片制板步骤（9）

（9）确定内侧缝。选择"要素翻转"工具，按住Ctrl键框选挺缝线右边的膝围线、裤口线和侧缝曲线后，右键确认，再指示挺缝线，完成后如图7-21所示。

（10）确定前斜插袋和褶位。

① 选择"折线"或"曲线"工具，定前插袋，起点距侧缝端点4cm在腰围线上，终点距侧缝端点18cm在侧缝线上。

② 选择"垂直线"工具同时按"参数点"，起点在挺缝线上端左边3cm处，终点为估计位置，完成后如图7-22所示。

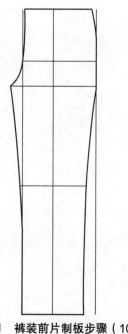

图7-21　裤装前片制板步骤（10）

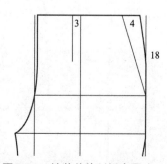

图7-22　裤装前片制板步骤（11）

（11）确定前腰省。

① 选择"垂直线"工具同时用"参数点"，起点在挺缝线上端和斜插兜上端两点中心，终点在臀围线上。

② 选择"修改要素"工具，把省位线下端收进3cm。

③ 选择"省道"工具，在对话框选择，"省类型"为"直省"，"省量"为2个，"省折线"选择"顺时针到省"和"保留省线"，完成后如图7-23所示。

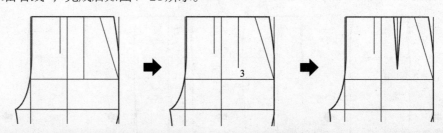

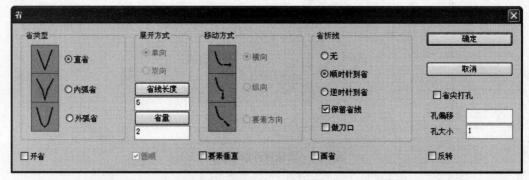

图7-23　裤装前片制板步骤（12）

（12）选择"删除"工具，删除多余的辅助线，完成前片，如图7-24所示。

（四）后片制板

（1）复制前片。选择"任意移动"工具同时按住Ctrl键复制前片结构图为绘制后片做准备。选择"单侧修正"和"删除"等工具对相关线条进行修正。再选择菜单"选项"下的"线型变更"命令，将横裆线下的内缝线和侧缝线更改为虚线，完成后如图7-25所示。

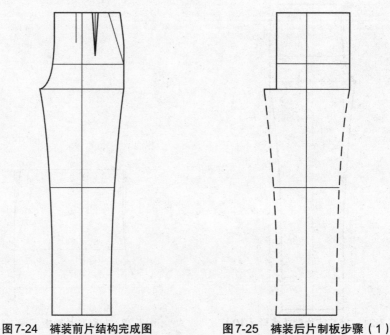

图7-24　裤装前片结构完成图　　　　图7-25　裤装后片制板步骤（1）

（2）确定后上裆弧线，如图7-26所示。

① 选择"间隔平行"工具，在前中心线右侧画一条相距3cm的垂直线。

② 选择"修改要素"工具把这条垂直线下方延长0.7cm。

③ 选择"折线"或"曲线"工具，起点在刚作好的垂直线的下端，终点用"参数点"在这条垂直线和挺缝线之间的中心位置偏移右边2cm。

④ 选择"修改要素"工具把这条直线上方延长2.5cm。

⑤ 选择"水平线"工具做一水平线，起点为后裆斜线的下端1cm，输入数值：－臀围/10，终点落在起点的左边。

⑥ 选择"作图"菜单下的"角平分线"工具，指示构成角的两个要素，长度为2.8cm，做出一条角平分线。

⑦ 选择"单侧切除"工具，把臀围线在后裆斜线左边的部分修掉。

⑧ 选择【曲线】工具，画出后上裆弧线。

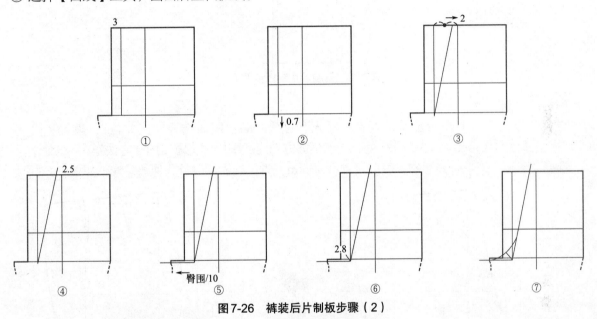

图7-26　裤装后片制板步骤（2）

（3）确定臀围线。选择"长度线"工具，在对话框中选择"指定尺寸"，"尺寸指定方式"为"长度"，"移动方式"为"要素方向"，"输入长度"为"臀围/4+1"，再指示修改要素，定好臀围线，如图7-27所示。

（4）确定腰围线。选择"长度线"工具，指示长度线起点及基准要素，再输入长度为"腰围/4+1+4（褶量）"，定好腰围线，如图7-28所示。

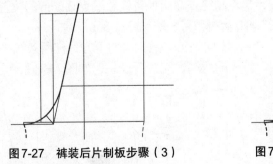

图7-27　裤装后片制板步骤（3）

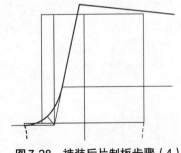

图7-28　裤装后片制板步骤（4）

（5）确定内缝线和侧缝线。

① 选择"修改要素"工具，在对话框中选"延长"，"指示端"输入"2"，再指示膝围线和裤口线两端。

② 选择"曲线"工具，画出侧缝曲线和内缝曲线；再选择"修改点"工具，调整曲线，完成后如图7-29所示。

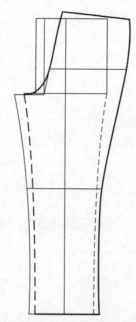

图7-29 裤装后片制板步骤（5）

（6）确定后腰省。

① 选择"垂线"工具，指示基准要素，输入长度为"8"，同时选择"比率点"，设置"比率"为"0.33"，指示通过的点为腰围线的左1/3处，指示延伸方向为腰围线的下方；同样方法作右1/3处的垂线。

② 选择"省道"工具打开腰省，每个腰省量为2cm，省折线为顺时针并保留省线，如图7-30所示。

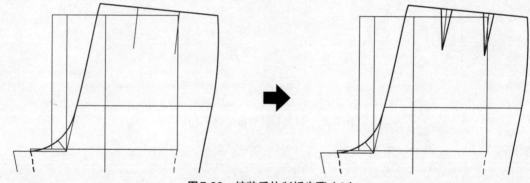

图7-30 裤装后片制板步骤（6）

（7）确定后插袋。

① 选择"折线"或"曲线"工具作直线，起点和终点在两根省线距端点0.5cm的位置。

② 选择"修改要素"工具，选择"延长"，指示端和另一端均延长3cm。

③ 选择"间隔平行"工具，间隔量为0.5cm，方向是第一条兜线的下方，作两条线平行线。

④ 选择"折线"或"曲线"工具：连接口袋线的两端，完成后插袋，如图7-31所示。

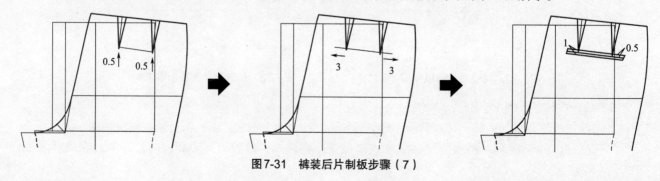

图7-31 裤装后片制板步骤（7）

（8）完成后片结构图，如图7-32所示。

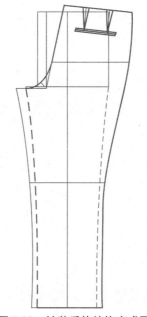

图7-32　裤装后片结构完成图

二、男西裤推板

（一）修订尺寸表

点击"号型"工具，调出"尺寸表"对话框，添加"前侧兜宽""前侧兜长"和"后兜宽"等部位尺寸，如图7-33所示。

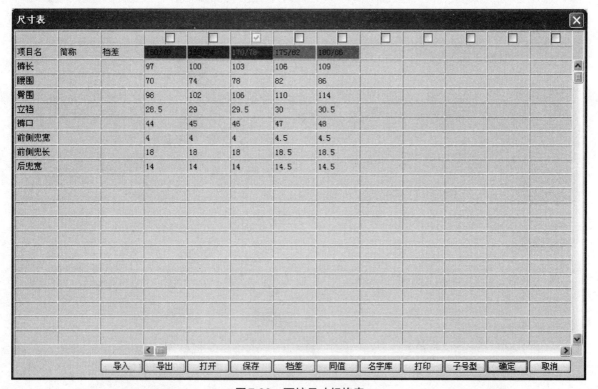

项目名	简称	档差	165/70	170/74	170/78	175/82	180/86						
裤长			97	100	103	106	109						
腰围			70	74	78	82	86						
臀围			98	102	106	110	114						
立裆			28.5	29	29.5	30	30.5						
裤口			44	45	46	47	48						
前侧兜宽			4	4	4	4.5	4.5						
前侧兜长			18	18	18	18.5	18.5						
后兜宽			14	14	14	14.5	14.5						

导入　导出　打开　保存　档差　同值　名字库　打印　子号型　确定　取消

图7-33　西裤尺寸规格表

（二）前片推板

1. 启动推板系统

（1）方法1。在打板系统中，选择"文件"菜单中的"推板"命令，如图7-34所示，即可进入推板系统。

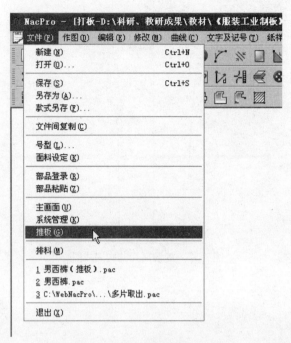

图7-34　推板系统的启动方法1

（2）方法2。在NACPRO系统的主界面点击"打板"按钮，如图7-35所示，也可进入推板系统。

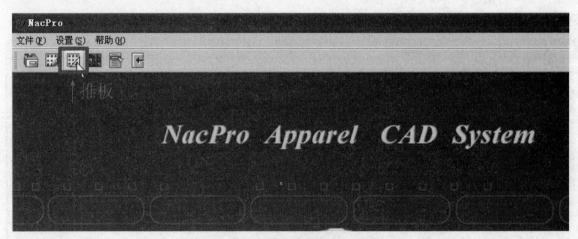

图7-35　推板系统的启动方法2

2. 选择固定点

选择"点放码"菜单中"固定点"命令，左键框选横裆线与臀围线的交点，右键单击确认，如图7-36所示。

3. 上裆部分的推板

上裆部分各放码点如图7-37所示，其中点1为固定点。

（1）点2的放码。选择"点放码"菜单下的"移动点"命令，左键框选点2，点右键确认，屏幕下方出现放码参数输入区，在其中可以选择参数的输入方式，即数值、尺寸表和参数表，常用的是"数值"和"尺寸表"方式，如图7-38所示，为"数值"方式状态下参数输入区。

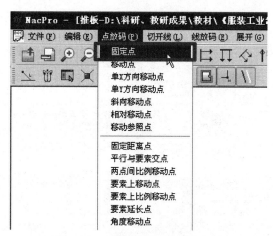

图7-36　裤装前片推板步骤（1）

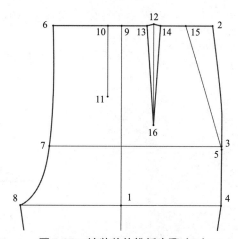

图7-37　裤装前片推板步骤（2）

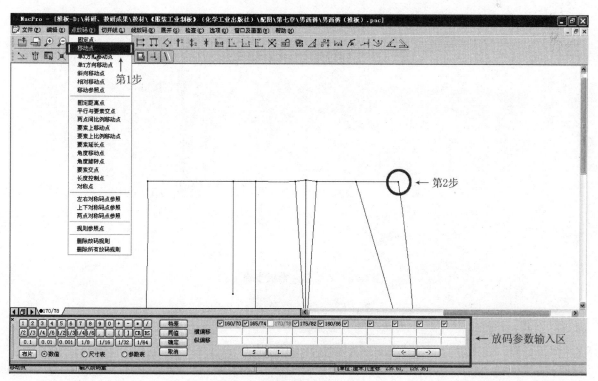

图7-38　裤装前片推板步骤（3）

①"尺寸表"方式。"横偏移"为"腰围/4*0.6","纵偏移"为"立裆",如图7-39所示。

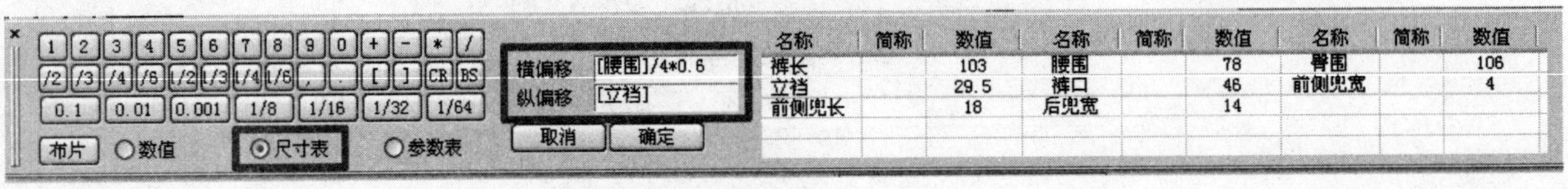

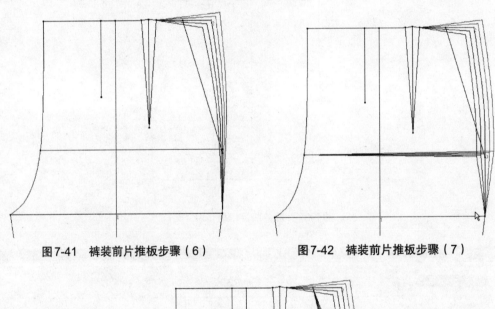

图7-39　裤装前片推板步骤（4）

②"数值"方式。在号型170/78处的"横偏移"输入"0.6","纵偏移"输入"0.5",如图7-40所示。

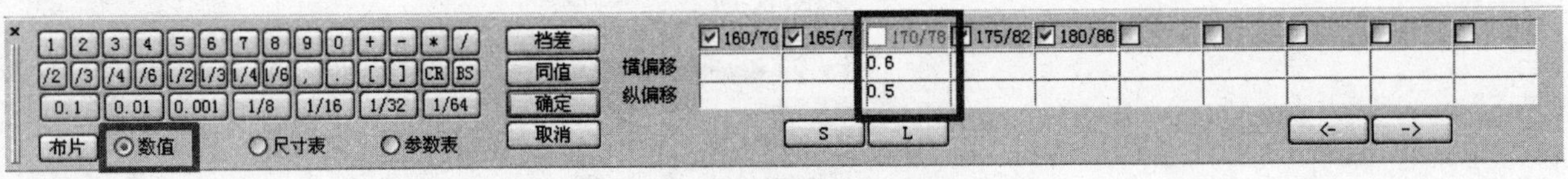

图7-40　裤装前片推板步骤（5）

两种方式完成后，均可得到如图7-41～图7-43所示的结果。

图7-41　裤装前片推板步骤（6）　　　　图7-42　裤装前片推板步骤（7）

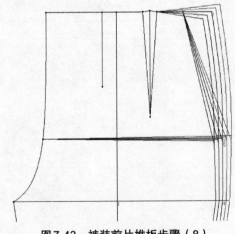

图7-43　裤装前片推板步骤（8）

（2）点3的放码。选择"移动点"命令，框选点3并确认，打开放码参数输入区。

①"尺寸表"方式。"横偏移"为"臀围/4×0.6","纵偏移"为"立裆/3"

②"数值"方式。在号型170/78处的"横偏移"输入"0.6","纵偏移"输入"0.17"。

（3）点4的放码。选择"点放码"菜单下的"单X方向移动点"命令，框选点4并确认，打开放码参数输入区。

①"尺寸表"方式。"横偏移"为"臀围/4×0.5"。

②"数值"方式。在号型170/78处的"横偏移"输入"0.5"，完成后如图7-43所示。

（4）点5的放码。选择"点放码"菜单下的"要素上移动点"命令，框选点5，再选择要素起点点2和终点点4，打开放码参数输入区。

①"尺寸表"方式。在名称"前侧兜长"位置单击，如图7-44所示，名称进入长度框，完成不均匀档差。

图7-44　裤装前片推板步骤（9）

②"数值"方式。因尺寸表的侧兜长是不均匀档差，填写档差，完成后如图7-45所示。

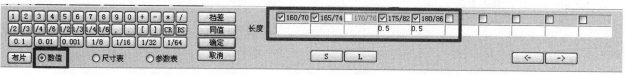

图7-45　裤装前片推板步骤（10）

对于不均匀档差，显而易见，"尺寸表"方式在放码时要比"数值"方式简单。

（5）点6的放码。选择"移动点"命令，框选点6并确认，打开放码参数输入区（图7-46～图7-49）。

①"尺寸表"方式："横偏移"为"-腰围/4×0.4"，"纵偏移"为"立裆"。

②"数值"方式：在号型170/78处的"横偏移"输入"-0.4"，"纵偏移"输入"0.5"。

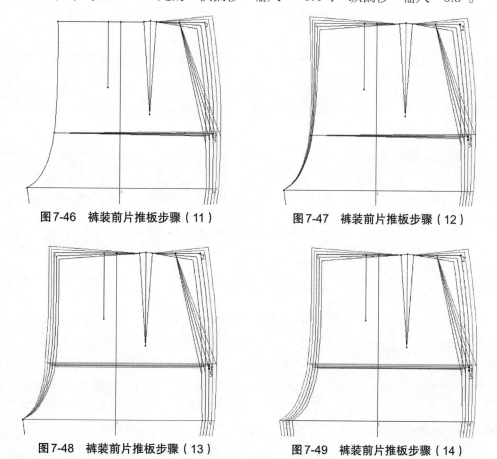

图7-46　裤装前片推板步骤（11）　　　　　**图7-47　裤装前片推板步骤（12）**

图7-48　裤装前片推板步骤（13）　　　　　**图7-49　裤装前片推板步骤（14）**

（6）点7的放码。选择"移动点"命令，框选点7并确认，打开放码参数输入区。

① "尺寸表"方式。"横偏移"为"−臀围/4×0.4"，"纵偏移"为"立裆/3"。

② "数值"方式。在号型170/78处的"横偏移"输入"−0.4"，"纵偏移"输入"0.17"。

（7）点8的放码。选择"移动参照点"命令，选择屏幕下方的"单反X"，选择"放码点"为点8，再指示"参照点"为点4。

（8）点9、点10和点11的放码。选择"移动参照点"命令，选择屏幕下方的"单Y"，框选"放码点"点9、点10和点11，再指示"参照点"为点2或点6，不需推横偏移，完成后如图7-50所示。

（9）点12、点13、点14和点15的放码。选择"移动点"命令，框选点12、点14和点15并确认，打开放码参数输入区（图7-51）。

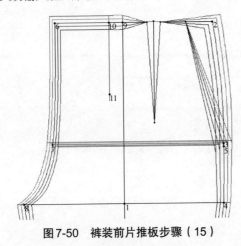

图7-50　裤装前片推板步骤（15）

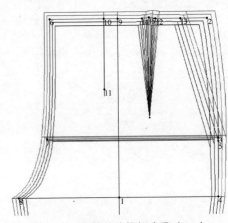

图7-51　裤装前片推板步骤（16）

① "尺寸表"方式。"横偏移"为"腰围/4×0.3"，"纵偏移"为"立裆"。

② "数值"方式。在号型170/78处的"横偏移"输入"0.3"，"纵偏移"输入"0.5"；完成后如图7-51所示。

（10）点16的放码。选择"点放码"菜单下的"单Y方向移动点"命令，框选点16，打开放码参数输入区（图7-52）。

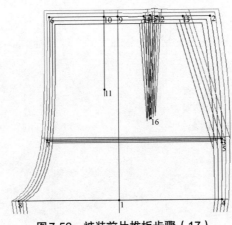

图7-52　裤装前片推板步骤（17）

① "尺寸表"方式。"纵偏移"为"立裆/3"。

② "数值"方式。在号型170/78处的"横偏移"输入"0.17"。

再选择"移动参照点"命令，选择屏幕下方的"单X"，框选"放码点"点16，再指示"参照点"为点15。

4.横裆线以下部分的推板

横裆线以下部分各放码点如图7-53所示。

（1）点17、点18的放码。选择"移动点"命令，框选点17并确认，打开放码参数输入区（图7-54）。

① "尺寸表"方式。"横偏移"为"裤口/4"，"纵偏移"为"立裆－裤长"。

② "数值"方式。在号型170/78处的"横偏移"输入"0.25"，"纵偏移"输入"-2.5"。

点18系统自动按比例放码。

（2）点19、点20、点21和点22的放码。选择"移动参照点"命令，选择屏幕下方的"反X同Y"，框选"放码点"点19，再指示"参照点"为点18，点20系统自动按比例放码。

选择"移动参照点"命令，选择屏幕下方的"单Y"，框选"放码点"点21，再指示"参照点"为点18或点20；点22放码同点21，完成前片推板如图7-55所示。

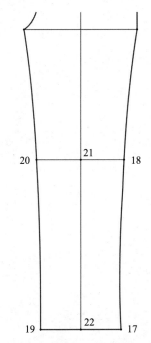

图7-53　裤装前片推板步骤（18）

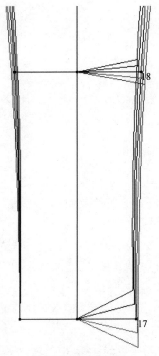

图7-54　裤装前片推板步骤（19）

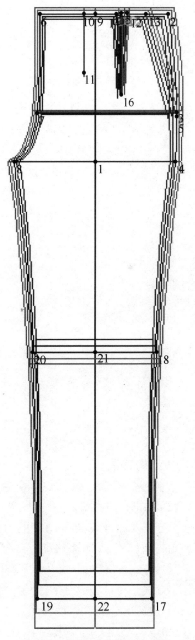

图7-55　裤装前片推板完成图

（三）后片推板

1. 上裆部分的推板

上裆部分各放码点如图7-56所示，其中点23为固定点。

（1）点24的放码。选择"移动点"命令，框选点24并确认，打开放码参数输入区（图7-57）。

① "尺寸表"方式。"横偏移"为"腰围/4×0.75"，"纵偏移"为"立裆"。

② "数值"方式。在号型170/78处的"横偏移"输入"0.75"，"纵偏移"输入"0.5"。

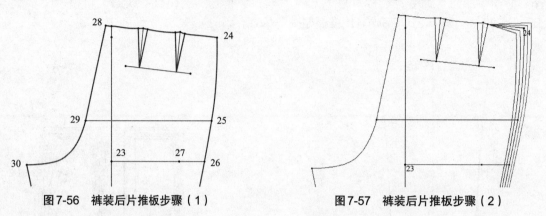

图7-56　裤装后片推板步骤（1）　　　　图7-57　裤装后片推板步骤（2）

（2）点25的放码。选择"移动点"命令，框选点25并确认，打开放码参数输入区（图7-58）。

① "尺寸表"方式。"横偏移"为"臀围/4×0.75"，"纵偏移"为"立裆/3"。

② "数值"方式。在号型170/78处的"横偏移"输入"0.75"，"纵偏移"输入"0.175"。

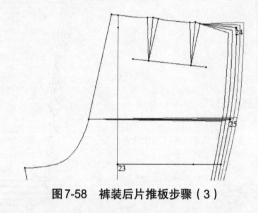

图7-58　裤装后片推板步骤（3）

（3）点26和点27的放码。选择"单X方向移动点"命令，框选点26并确认，打开放码参数输入区（图7-59）。

① "尺寸表"方式。"横偏移"为"臀围/4×0.6"。

② "数值"方式。在号型170/78处的"横偏移"输入"0.6"。

点27自动按比例放码。

（4）点28的放码。选择"移动点"命令，框选点28并确认，打开放码参数输入区（图7-60）。

① "尺寸表"方式。"横偏移"为"-腰围/4×0.25"，"纵偏移"为"立裆"。

② "数值"方式。在号型170/78处的"横偏移"输入"-0.25"，"纵偏移"输入"0.5"。

（5）点29的放码。选择"移动点"命令，框选点29并确认，打开放码参数输入区（图7-61）。

① "尺寸表"方式。"横偏移"为"-臀围/4×0.25"，"纵偏移"为"立裆/3"。

② "数值"方式。在号型170/78处的"横偏移"输入"-0.25"，"纵偏移"输入"0.175"。

（6）点30的放码。选择"移动参照点"命令，指示"单反X"，框选点30，再指示点26（图7-62）。

（7）点31和点32的放码。选择"两点间比例移动点"，选择点31和点32点击右键确认，指示"端点1"为点28，指示"端点2"为点24（图7-63）。

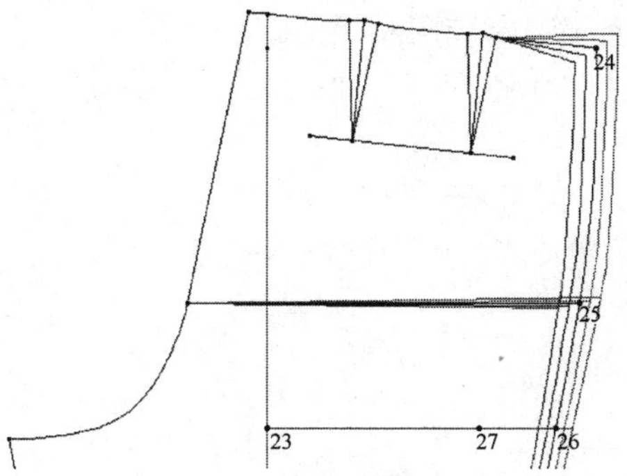

图7-59 裤装后片推板步骤（4）

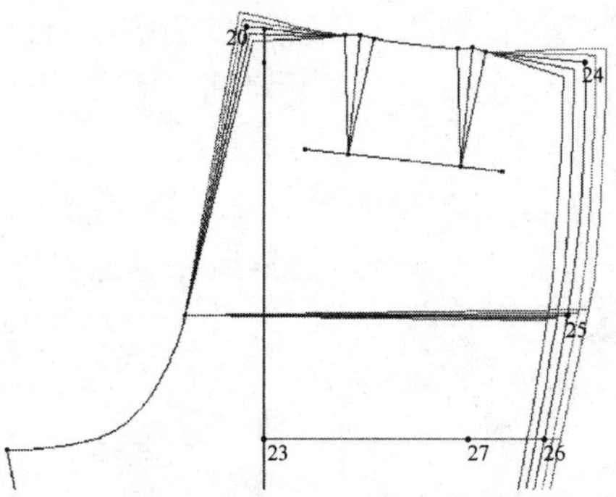

图7-60 裤装后片推板步骤（5）

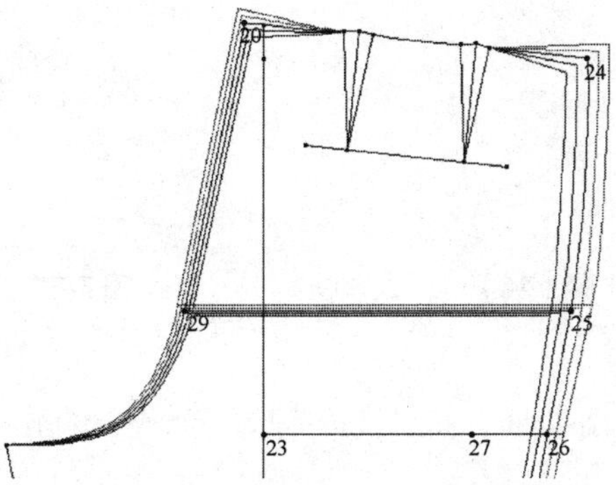

图7-61 裤装后片推板步骤（6）

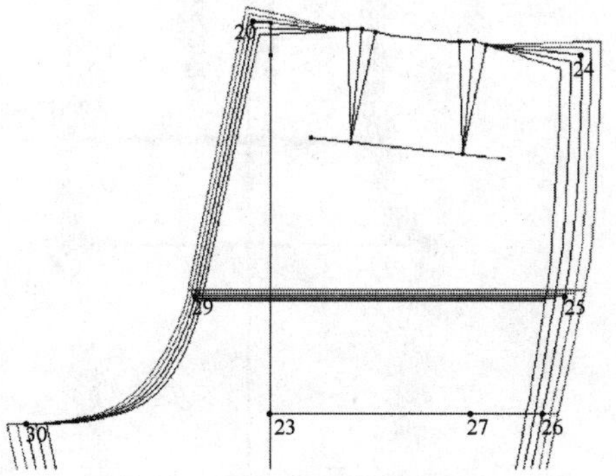

图7-62 裤装后片推板步骤（7）

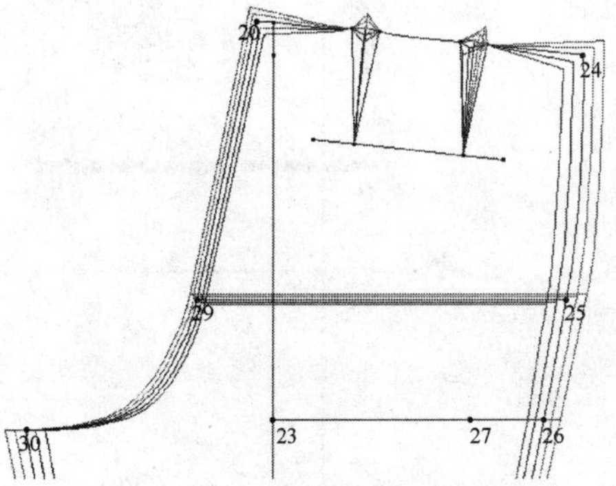

图7-63 裤装后片推板步骤（8）

（8）点33、点36、点37和点38的放码。选择“移动参照点”工具，选择点33和点36后右键确认，指示“参照点”为点31；点37和点38的放码同点33和34的放码，只不过“参照点”选择的是点32(图7-64)。

选择“移动参照点”工具，选择“单Y”方式，再选择点34和点35，指示“参照点”为点28。

（9）点39和点40的放码。这两点均为省尖点，参照点33和点36的方法完成点39的放码，参照点37和点38的方法完成点40的放码（图7-65）。

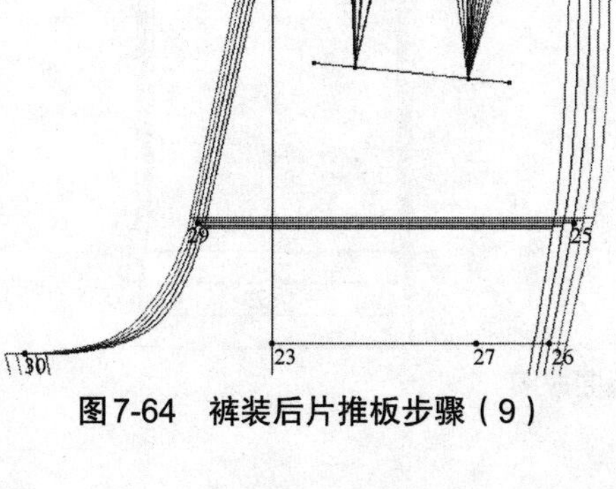

图7-64 裤装后片推板步骤（9）

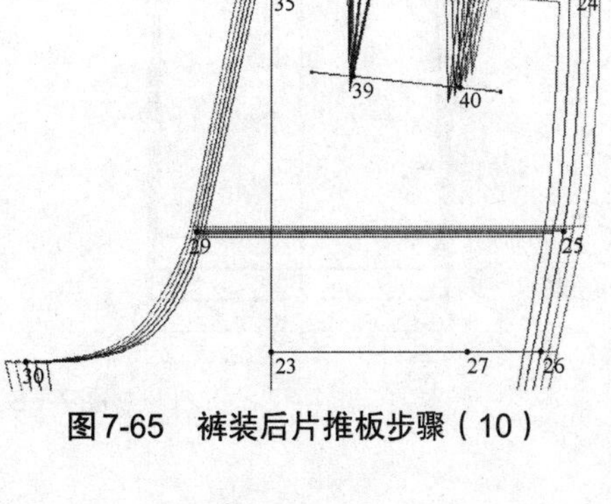

图7-65 裤装后片推板步骤（10）

（10）点41的放码。该点为口袋的中点，需要在打板模块中用线切断的方式将其作出，而后再回到推板模块中继续推板；选择"两点间比例移动点"工具，指示"端点1"和"端点2"分别为点39和点40（图7-66）。

（11）点42和点43的放码。选择"要素延长点"工具后，指示"要素延长点（要素方向）"，框选点42，"要素起点"为点42，注意后兜宽是不均匀档差，需要在长度数值上进行不同设置；点43放码方法与点42相同，完成后如图7-67所示。

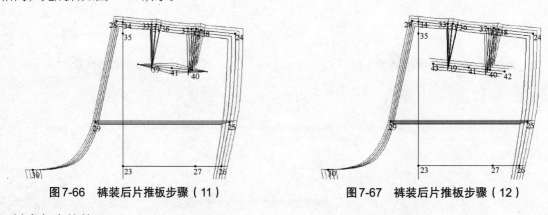

图7-66　裤装后片推板步骤（11）　　　　　　　图7-67　裤装后片推板步骤（12）

2.其余各点的放码

参照前片各对应点，选择"移动参照点"工具，完成其余各点的放码（图7-68）。

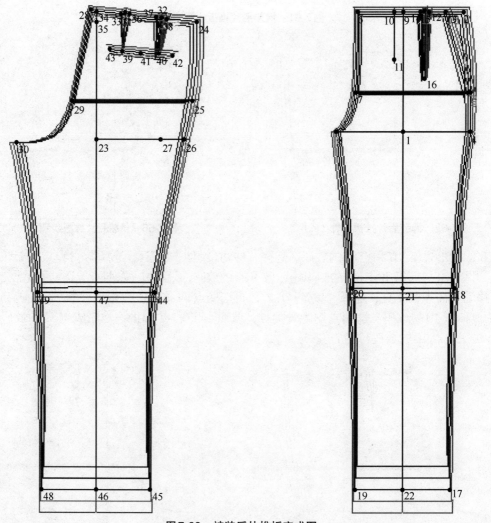

图7-68　裤装后片推板完成图

第三节 线放码——八片裙推板

一、八片裙制板

（一）建立尺寸表

根据第一节介绍的方法，建立八片裙的尺寸规格表，如图7-69所示。

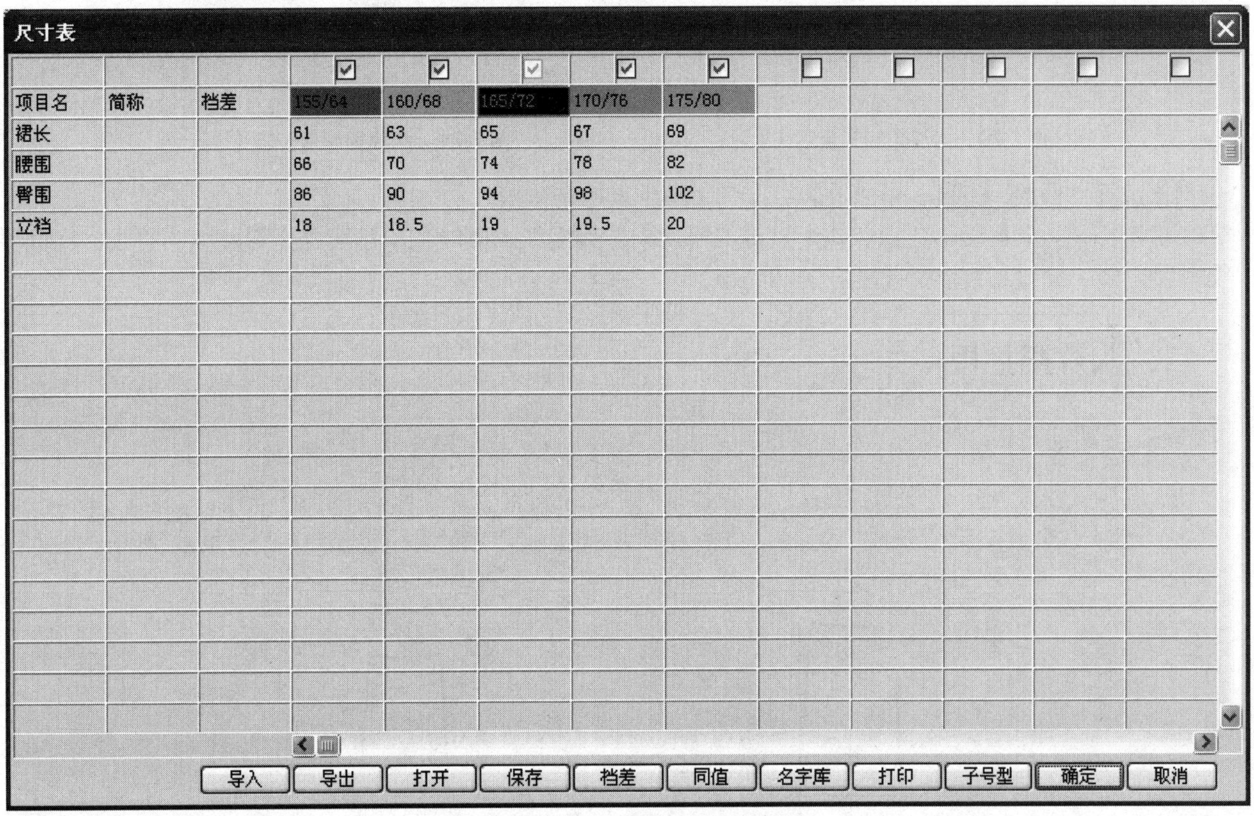

项目名	简称	档差	☑ 155/64	☑ 160/68	☑ 165/72	☑ 170/76	☑ 175/80	☐	☐	☐	☐	☐
裙长			61	63	65	67	69					
腰围			66	70	74	78	82					
臀围			86	90	94	98	102					
立裆			18	18.5	19	19.5	20					

导入　导出　打开　保存　档差　同值　名字库　打印　子号型　确定　取消

图7-69　八片裙尺寸规格表

（二）制板

以165/72为基础号型，绘制八片裙结构。

1. 绘制基础线

（1）以"臀围/4"为宽，"裙长"为长绘制一矩形。

（2）选择"间隔平行"工具，间隔距离为19（立裆），做出臀围线。

（3）选择"垂直线"工具和"中心点"，过腰围线中点向下摆作垂线，如图7-70所示。

2. 绘制腰围线、侧缝和裙摆

（1）选择"曲线"工具，再选择"参数点"，如图7-71所示，设置参数，指示腰围线左端，向腰围线中点作腰围线。

（2）继续选择"曲线"工具，绘制臀围线以上部分的侧缝线。

（3）选择"修改要素"工具，"修改方式"为"延长"，"指示端"为"5.5"，指示下摆线左端；接着选择"曲线"工具，绘制臀围线以下部分的侧缝线；再选择"修改要素"工具，"修改方式"为"延长"，"指示端"为"-1.5"，指示侧缝线下端。

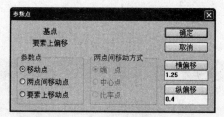

图7-70　八片裙制板步骤（1）　　　　　图7-71　八片裙制板步骤（2）

（4）选择"曲线"工具，由侧缝起翘点向下摆中点绘制裙摆。

（5）选择"要素翻转"工具，按Ctrl键的同时框选腰围线、侧缝和裙摆后，指示腰围中心线，完成另一侧额腰围线、侧缝和裙摆，如图7-72所示。

二、八片裙推板

（一）设置切开线

（1）选择"输入纵向切开线"工具，在裙片纵向中间位置自上而下作出一条切开线；

（2）选择"输入横向切开线"工具，分别在裙片臀围线以上和以下部分作出一条水平切开线（图7-73）。

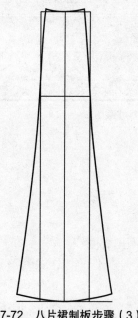

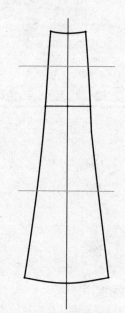

图7-72　八片裙制板步骤（3）　　　　　图7-73　八片裙推板步骤（1）

（二）输入切开量

（1）选择"输入切开量"工具，指示纵向切开线，右键确认后，在屏幕下方的输入区的"切开量1"处输入"0.5"（臀围档差/8=0.5），如图7-74所示。

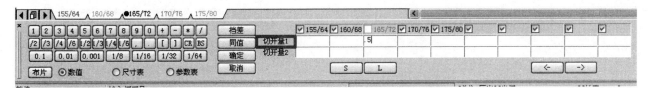

图7-74　八片裙推板步骤（2）

（2）选择"输入切开量"工具，指示上方的横向切开线，右键确认后，在屏幕下方的输入区的"切开量1"处输入"0.5"（立裆档差=0.5）（图7-75）。

（3）选择"输入切开量"工具，指示下方的横向切开线，右键确认后，在屏幕下方的输入区的"切开量1"处输入"1.5"（裙长档差－立裆档差=1.5）（图7-76）。

（4）选择"展开"菜单中的"展开"命令得到线放码的结果，如图7-75所示。

（5）选择"对齐工具"，在弹出的对话框中选择"点对齐"和"自己对齐"，如图7-76所示，在指示臀围中点，得到如图7-77的对齐效果。

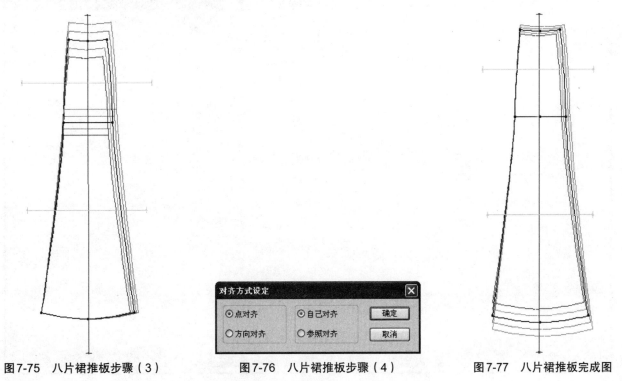

图7-75　八片裙推板步骤（3）　　图7-76　八片裙推板步骤（4）　　图7-77　八片裙推板完成图

第四节　规则放码——男西裤

NACPRO系统中还提供了一种规则放码的方式，只用一次性将常用的规则表建立起来后，在以后的工作中，对于结构相似但款式不同的服装推板，只要对照各个服装部位将点规则复制到服装板型中就可以了，这样无疑使制板效率提高得更快。在本节中，采用规则放码对男西裤进行推板。

一、规则表的建立

基础号型的结构绘制好后，进入推板模块，选择"编辑"菜单下的"修改规则表"命令，如图7-78所示，弹出"修改规则表"对话框，建立如图7-79所示的规则表。步骤如下。

图7-78　建立规则表

规则名		档差	160/70	165/74	170/78	175/82	180/86
上腰围点	x-		1	0.5		-0.5	-1
	y-		-1	-0.5		0.5	1
上臀围点	x-		0.34	0.17		-0.17	-0.34
	y-		-1	-0.5		0.5	1
上横裆点	x-						
	y-		-1	-0.5		0.5	1
上膝围点	x-		-2.5	-1.25		1.25	2.5
	y-		-0.5	-0.25		0.25	0.5
上裤口点	x-		-5	-2.5		2.5	5
	y-		-0.5	-0.25		0.25	0.5
下腰围点	x-		-1	-0.5		0.5	1
	y-		1	0.5		-0.5	-1
下臀围点	x-		0.34	0.17		-0.17	-0.34
	y-		1	0.5		-0.5	-1
下横裆点	x-						
	y-		1	0.5		-0.5	-1
下膝围点	x-		-2.5	-1.25		1.25	2.5
	y-		0.5	0.25		-0.25	-0.5
下裤口点	x-		-5	-2.5		2.5	5
	y-		0.5	0.25		-0.25	-0.5

清空　打开　保存　档差　同值　选大号　选小号　删除　确定　取消

图7-79　西裤推板规则表

（1）在"规则名"下输入"上腰围点""上臀围点""上横裆点""上膝围点""上裤口点"等规则点的名称。

（2）在"档差"下输入"x-"水平方向和"y-"垂直方向的档差值，按对话框下方的"档差"键，完成规则表的建立。

二、前片的推板

前片推板的主要步骤如下。

（1）选择"点放码"菜单下的"规则参照点"命令，如图7-80所示，弹出"系统规则表"对话框，而后进行以下操作。

① 选中"序号1"，框选点1，右键确认。

② 选中"序号2"，框选点2，右键确认。

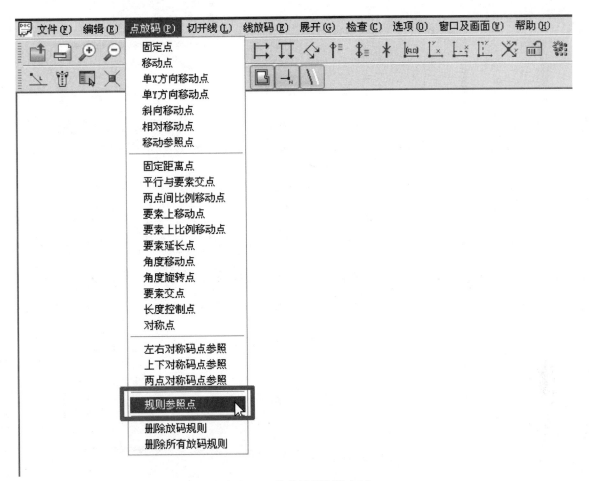

图7-80　前片推板步骤（1）

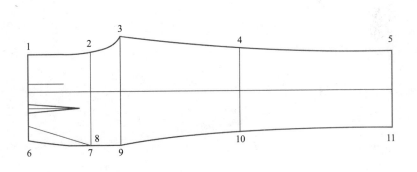

图7-81　前片推板步骤（2）

③ 选中"序号3"，框选点3，右键确认。

④ 选中"序号4"，框选点4，右键确认。

⑤ 选中"序号5"，框选点5，右键确认。

⑥ 选中"序号6"，框选点6，右键确认。

⑦ 选中"序号7"，框选点7和点8，右键确认。

⑧ 选中"序号8"，框选点9，右键确认。

⑨ 选中"序号9"，框选点10，右键确认。

⑩ 选中"序号10"，框选点11，右键确认，展开后如图7-82所示。

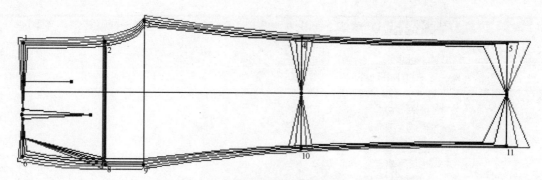

图7-82　前片推板步骤（3）

（2）选择"移动参照点"工具，参照方式为"单X"，框选腰围线上的点12、13、14、15、16、17、18，右键确认，指示参照点1；选择"两点间比例移动点"工具，指示放码点13，端点1和端点2分别为点1和点6。

（3）选择"移动参照点"工具，参照方式为"单X"，框选腰围线上的点19，右键确认，指示参照点5；点20由系统自动放码，最后展开，如图7-83所示。

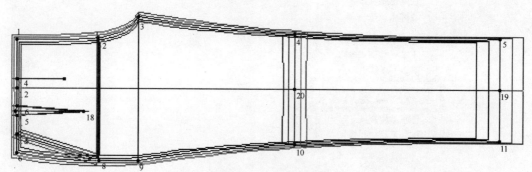

图7-83　前片推板完成图

三、后片的推板

后片推板的主要步骤如下。

（1）选择"规则参照点"命令，根据弹出"系统规则表"对话框，完成后片外周各点的放码，如图7-84所示。

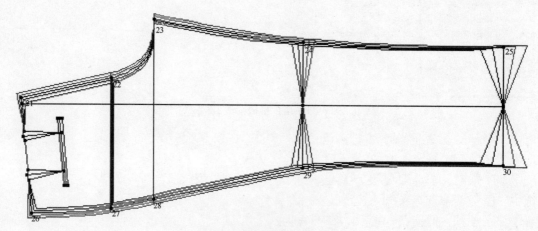

图7-84　后片推板步骤（1）

（2）选择"移动参照点"工具，完成点31和32的放码。

（3）选择"移动参照点"工具，参照方式为"单X"，框选腰围线上的未放码各点，右键确认。

（4）选择"两点间比例移动点"工具，指示放码为两个省中点，端点1和端点2分别为点21和点26。

（5）选择"移动参照点"工具，完成省尖点40和41的放码。

（6）选择"两点间比例移动点"工具，指示放码为口袋中点点42，端点1和端点2分别为点40和点41。

（7）选择"要素延长点"工具，延长方式为"要素方向"，放码点为点43，起点为点40，输入口袋的相应档差（注意后口袋为不均匀档差），同样的方法完成点44的放码，最后展开，如图7-85所示。

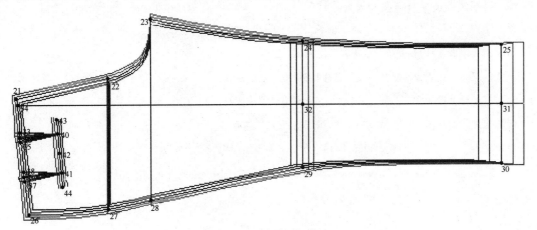

图7-85　后片推板完成图

参 考 文 献

[1]张文斌. 服装结构设计 [M]. 北京：中国纺织出版社，2006.

[2]刘瑞璞. 服装纸样设计原理与技术——女装篇 [M]. 北京：中国纺织出版社，2005.

[3]刘瑞璞. 服装纸样设计原理与技术——男装篇 [M]. 北京：中国纺织出版社，2005.

[4]陈明艳. 女装结构设计与纸样 [M]. 上海：东华大学出版社，2013.

[5]余国兴. 服装工业制板 [M]. 上海：东华大学出版社，2014.

[6]潘波，赵欲晓. 服装工业制板 [M]. 北京：中国纺织出版社，2010.

[7]彭立云. 服装工业样板设计实训教程 [M]. 北京：中国纺织出版社，2012.

[8]吴清萍. 经典男装工业制板 [M]. 北京：中国纺织出版社，2006.

[9]张玲，张辉，郭瑞良. 服装CAD板型设计 [M]. 北京：中国纺织出版社，2008.

[10]杨丽娜，宋泮涛. 服装CAD制版技术与实例精解 [M]. 北京：中国轻工业出版社，2014.